Tomato
Carrot
Pumpkin
Cabbage
Eggplant
Mushroom
Leek
Radish

(채소 마스터 클래스)

Tomato
Carrot
Pumpkin
Cabbage
Eggplant
Mushroom
Leek
Radish

백지혜 지음 정멜멜 사진

세미콜론

Prologue

요가 학원을 다닌 지 5개월 차에 접어들었다. 거의 재활 치료가 필요한 수준의 몸을, 전쟁터에 끌려 나가는 심정으로 질질 이끌고 나섰다가도, 돌아올 때는 무엇이든 다시 시작할 수 있을 것 같은 개운한 발걸음을 내딛는 요즘이다.

선생님은 요가의 기본 동작을 이루는 가장 중요한 요소로 언제나 호흡을 강조한다. 여러 동작이 지나 한 세션의 마지막 과정인 사바 아사나Shava-asana(일명 송장 자세)에 이르면, 모든 것을 내려놓은 듯 후련한 한숨이 "하아-" 하고 입 밖으로 튀어나온다.

요가 말미의 이런 해방감을 누릴 때면, 마치 언젠가 직관했던 키스 재럿의 라이브 공연이 떠오른다. 곡의 클라이맥스에서 그가 나지막이 내는 "하아-" 그걸 관객으로 지켜보며 느낀 카타르시스와 닮았다. 어떤 날은 맛있는 음식을 한입 먹자마자 본능적으로 발화되는 내적 환호 "하아-"와도 연결된다고 생각하기도 했다.

그 명쾌한 "하아-"가 지금까지 나를 요리하는 사람으로 있게 한다. 직업인으로서 요리하게 된 지는 벌써 10년이 넘었는데, 지금까지 거쳐 왔던 다양한 직업 중 유일하게 지루하지 않은 일이다.

요리를 하면서 접하게 되는 식재료들은 내겐 다양한 색을 마음껏 다룰 수 있는 최적의 아이템들이다. 색을 자유로이 쓸 때 가장 즐겁고, 집중력이 최상으로 고조된다. 그렇기에 오색찬란한 식재료들을 만지고 새로운 결과물을 만들어 내는 요리는 내게 언제나 즐거운 놀이다. 일을 아낌없이 사랑할 수 있는 직업을 찾다니, 나는 분명 운이 좋은 사람이다.

또한 나는 육식을 하는 사람이다. 육식을 자주 하지는 않지만 친구가 불러 나가면 누구보다 열심히 고기를 잘 먹는 사람이기도 하다. 굳이 구분하자면 플렉시테리언Flexitarian 즉, 식물성 식품을 지향하지만 선택적으로 육식과 채식을 오가는 삶에 가깝다고 할 수 있겠다.

책에 소개한 레시피는 100% 비건식 조리법이지만, 비장한 각오로 비건이 되어 보자 외치는 내용이 아니다. 내가 채소 요리를 좋아하는 이유는 따로 없고, 순수하게 그저 맛있기 때문이다. 정말 맛있어서 해 먹는 건데, 채소를 간헐적으로 소비하는 주변의 육식인과 다이어터에게는 어쩌면 '건강한 맛'이 되어 버린 채소 요리의 '오명'을 내가 발견한 레시피들로 조금이나마 벗겨 주고 싶다.

특히 염두에 뒀던 것은 일상에서 계절과 상관없이 쉽게 구할 수 있는 재료일 것. 주재료 뒤에서 요리를 돋보이는 역할을 담당하는 부재료로서 조용히 빛을 냈던 냉장고 상비 채소들을 메인에 배치했다. 요리의 가장 큰 장벽인 장보기부터 어려워서 결심이 무너지면 안 된다는 생각이 컸다.

2020년에는 내 생애 첫 요리책 『파스타 마스터 클래스』를 출간하고 독자들에게 넘치는 사랑을 받았다. 사실 채소 요리는 세미콜론 김지향 편집자와의 첫 미팅에 들고 나갔던 주제였는데, 파스타 책을 먼저 내자고 제안해 준 것이 좋은 결과로 돌아와 이렇게 두 번째 책까지 낼 수 있게 되었으니 얼마나 감사한 일인가.

이미 SNS엔 채소를 주제로 한 요리 고수들이 정말 많다. 그들이 직업인으로서의 요리가 아닌 평범한 재야의 고수들일 때면, 진정 탄복하기도 하면서 두려움과 회의감이 들기도 한다. 레시피대로 따라 하니 참 맛있었다고 피드백을 주는 수강생들과, 맛있는 음식에 진심인 친구들이 내가 만든 음식을 맛보고 가끔 쓰러져 줄 때 느끼던 희열을 떠올리면서 다시 한번 용기를 냈다.

7.

이 책은 2021년 5월, 사랑하는 내 강아지 구름이가 무지개다리를 건너고 일주일 뒤에 첫 촬영을 시작했다. 먹을 것을 만드는 행위 자체에 죄책감이 들고 몸을 움직이는 것에도 많은 에너지가 필요했던 시기에 조심스러운 배려로 나를 일으켜 준 세미콜론 김수연 편집자에게 감사함을 전한다.
몇 해 전, 사석에서 언젠가 같이 책 작업을 해 보자고 했을 때 묻지도 따지지도 않고 손잡아 준 정멜멜 작가에게도. 그녀의 작업들을 여러 공간에서 오래 보아 왔기에 이번에는 어떤 색감과 스타일일지 무척 궁금했었는데, 레시피북 그 이상의 작품으로 승화시켰다.
촬영 때마다 현장을 섬세한 터치로 스타일링해 준 '텍스처 온 텍스처'의 정수호 씨, 그녀의 손길이 사진마다 고스란히 남아 무척 감사하고 기쁘다.
마지막으로 친구의 책 작업 현장을 구경하며 의자에 앉아 조용히 책이나 읽다 가려고 왔다가, 그날로 붙잡혀 본인의 의사와는 무관하게 부엌과 촬영장을 분주하게 오가며 디렉터 역할을 담당한 조수란. 그녀의 노고에 존경과 감사를 전한다.
이런 드림팀과 함께 치열하게 작업했던 여름 한 달간의 기억이 반짝인다. 반년이 지나 정신을 차리고 보니, 그때 내 슬픔 속에 가려졌던 보석같이 빛나고 즐거운 순간이었음을 이제는 알겠다.

배달 음식도 밀키트도 전부 지겨워질 만큼 코로나가 2년 넘게 지속되고 있다. 맛있는 채식을 하고자 하는 독자들이 시간이 날 때마다 책 속 레시피를 하나씩 도전하다가, 채소를 소비하는 것이 어느새 일상 속에 습관처럼 정직하게 스며들어 있다면 좋겠다.
나의 작은 바람이다.

백지혜

GIN
EST. 1886
40% VOL
70 CL

CONTENTS

Chapter. 3

PUMPKIN

Chapter. 4

CABBAGE

Chapter. 5

EGGPLANT

Chapter. 6

MUSHROOM

Chapter. 7

LEEK

Chapter. 8

RADISH

SPECIAL

PESTO & SAUCE

이 책의 채소 요리들은 식재료부터 양념에 이르기까지
순 식물성만을 사용한 100% 비건식입니다.

따라서 모든 단계의 채식을 하는 분들이 적용해 먹을 수 있어요.
상황에 따라 육식을 하는 채식인인 플렉시테리언들은 물론
채식을 시작하고 싶지만 엄두가 나지 않았던 분들,
맛있는 채소 요리를 일상에서 해 먹고 싶은 분들 모두에게 좋은 제안이 됩니다.

냉장고에 항상 있고 사시사철 손쉽게 마트에서 구할 수 있는
토마토, 당근, 호박, 양배추, 가지, 버섯, 파, 무 이렇게 8가지 대표 채소들을
진짜 맛있게 요리해 먹는 방법을 지금부터 알려 드릴게요.

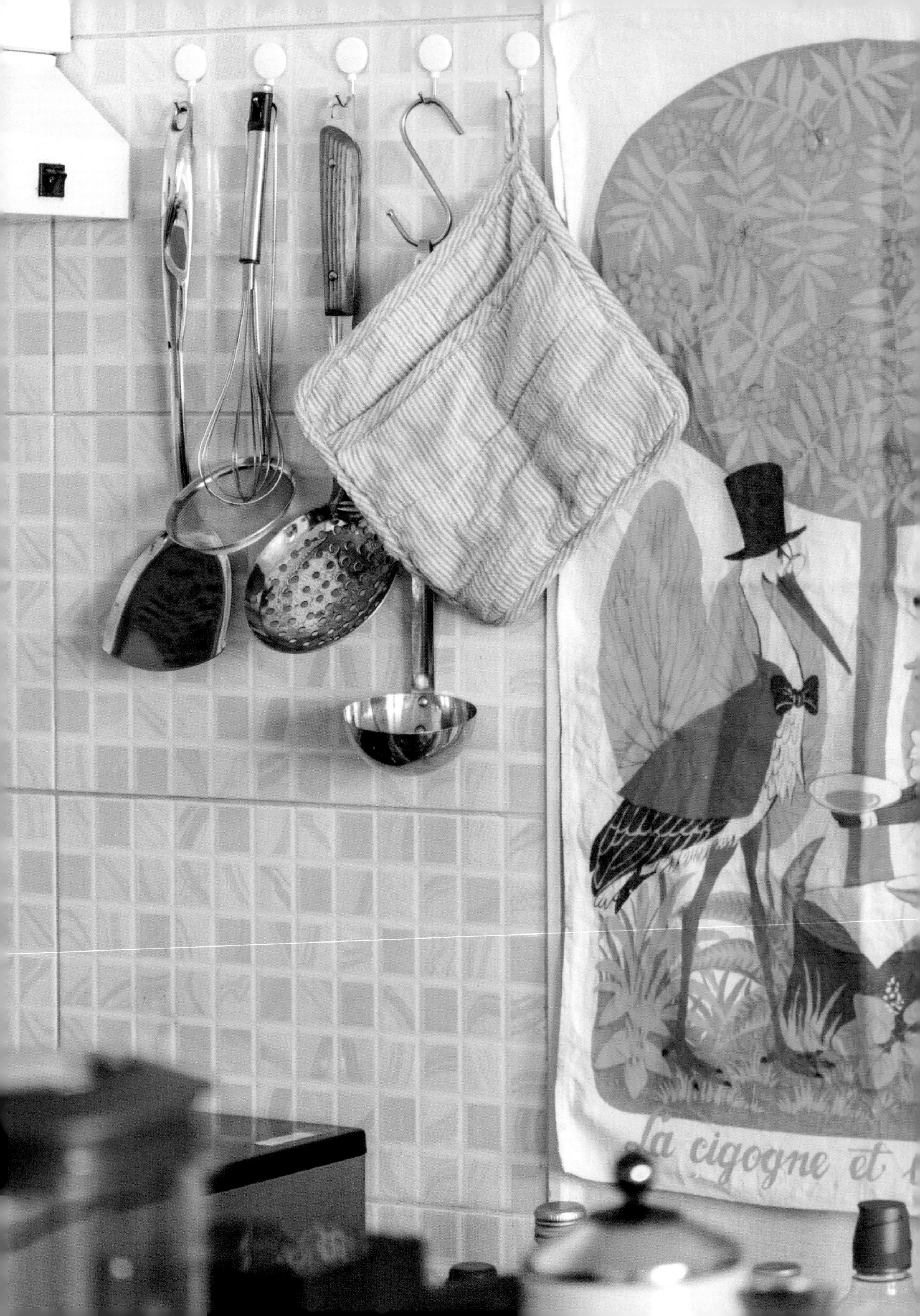
La cigogne et

- 이 책의 계량은 1큰술 기준 액체류는 10ml, 가루류는 15g입니다.
  일반 가정에서도 편하게 계량할 수 있도록 밥숟가락을 기준으로 했습니다.
- 조리 시 올리브유와 포도씨유를 사용했으나, 모든 식물성 오일류로 대체 가능합니다.
- 소스나 가니시용 오일은 간을 보고 입맛에 따라 자유롭게 조절하여 넣으세요.
- 재료 이미지는 분량과 무관하니 재료 텍스트에 표기된 분량으로 체크해 조리하세요.

Jericho's Goddess Tips

채소 요리를 최상의 맛으로 끌어올리는 팁

PONTI
MADE IN ITALY
1787
POMODORI
SECCHI
DAL 1787

과정에 첨가해 감칠맛을 더하는 재료들

카레가루

카레가루는 동물성 식재료를 제한한 채소 요리에 빠지지 않고 등장하는 향신료 중 하나다. 볶은 채소에 한 스푼만 더해도 단조로웠던 맛을 화려하게 채워 주는 역할을 한다. 특히 볶아서 단맛이 두 배 이상 높아진 당근이나 호박이 카레가루와 만났을 때 풍미가 급상승하니 참고하길 바란다.
카레가루 외에도 향신료가 믹스된 가람 마살라나 파프리카 가루는 각종 딥을 만들거나 스튜를 끓일 때도 활용도가 좋아 작은 용량으로 구비해 두면 좋다.

올리브 & 케이퍼 & 선드라이드 토마토

파스타나 샐러드에 다진 올리브와 케이퍼, 선드라이드 토마토를 다져 넣으면 전체적으로 맛의 균형이 잡히고 소금을 대신해 적절히 간을 맞출 수 있다. 집에 식재료가 다양하지 않을 때 이처럼 저장이 가능한 식재료들을 구비해 두면 요긴하게 쓸 수 있다.

버섯 우린 물

수프를 끓이거나 밥을 지을 때 필요한 채수를 매번 새롭게 만들어 쓰기는 쉽지 않다. 건표고버섯을 찬물에 반나절 담가 우린 물을 냉장 보관했다가 그때그때 요리에 사용하면 한층 깊은 감칠맛을 낼 수 있다. 건져 낸 버섯 역시 바로 요리에 사용한다.

연두

피시 소스, 액젓을 대체하고 국간장, 진간장에 비해 맛이 가벼워서 요리의 색을 살려 주고 감칠맛은 끌어올리는 콩 발효 제품이다. 다양한 채소 요리에 두루두루 쓰이며 국, 찌개, 무침, 샐러드 드레싱까지 폭넓게 활용이 가능하다.

머스터드

홀그레인 머스터드부터 디종 머스터드, 머스터드 씨드를 사과식초와 알콜, 메이플 시럽 등에 불려 숙성시켜 만드는 홈메이드 머스터드까지! 톡톡 튀는 식감을 즐기고 싶다면 홀그레인 머스터드를, 부드러운 풍미가 좋다면 디종 머스터드를 선택해 샐러드 드레싱이나 소스에 더해 보자.

홈메이드 홀그레인 머스터드 만들기

홀그레인 머스터드 씨드 100g을 쌀 씻듯 물에 여러 차례 헹구어 불순물을 제거한 뒤 체에 밭쳐 물기를 뺀다. 볼에 홀그레인 머스터드 씨드와 사과식초 또는 화이트와인 비네거 100ml, 설탕 1큰술, 메이플 시럽 또는 아가베 시럽 1큰술, 소금 1작은술을 넣고 잘 섞는다. 소독한 유리병에 옮겨 담고 실온에서 5~6일간 발효시킨 뒤 냉장 보관해 두고 먹는다. 방부제가 들어가지 않아 유통기한이 짧으므로 이렇게 소량씩 만들어 먹기를 권한다.

요리 마무리에 사용해 색감, 식감, 풍미를 살리는 재료들

마늘 빵가루 플레이크

마늘 빵가루 플레이크는 파스타나 샐러드의 마무리 단계에서 가니시로 적절하게 쓰인다. 팬에서 익혀 한층 더 바삭해진 빵가루의 식감에 식욕을 돋우는 마늘 향이 더해져 심심한 요리에 킥이 된다. 필요 이상의 드레싱이나 소스를 더하지 않도록 도와줄 것이다. 한 번에 팬 하나를 가득 채우는 만큼 만들고 용기에 넣어 냉장 보관했다가 필요할 때 꺼내 가니시한다. 냉동 보관 시 최대 2개월까지 섭취 가능하니 참고하자.

감태가루

바다의 향을 그대로 품고 있는 고급스러운 풍미의 감태는 수확량 자체가 많지 않고 가격도 김보다 비싸 일반 가정에서는 생소한 식재료일 수 있다. 요즘 들어 김처럼 잘라 나온 제품부터 가루 형태에 이르기까지 다양하게 나와 있어 구입하기 수월해졌다.
맨밥에 싸 먹기도 하고 간장, 참기름, 참깨만을 이용해 감태 페스토를 만들어 샐러드 드레싱이나 비빔밥의 양념으로 쓴다. 두부 위에 토핑으로 올려 먹어도 맛있다. 감태를 블렌더에 곱게 갈아 저장 용기에 넣고 냉동 보관하면 6개월까지 사용할 수 있다.

들깻가루

들깨는 기름으로 짜거나 가루로 만들어 각종 나물에 더해 쓴맛을 중화시키고 국, 찌개 등에 깊고 고소함을 더하는 양념으로 널리 사용하는 식재료다.
간단하게는 삶은 감자에 들깻가루와 들기름, 소금을 넣어 고소함을 더해 주거나 들깻가루에 시럽을 섞어 스프레드를 만들어 바삭하게 구운 토스트 위에 버터처럼 듬뿍 발라 먹어도 맛있다. 참깨에 비해 들깨는 산화 속도가 빠른 편이라 들기름은 냉장, 들깻가루는 냉동 보관을 요하고 6개월 안에 소진하는 것이 좋다.

전분가루

전을 부칠 때 밀가루 대신 전분가루 2~3큰술을 더하면 재료들이 서로 잘 붙고, 최소한의 반죽을 쓰기 때문에 색감 역시 선명해지는 장점이 있다.

견과류

견과류는 고소하게 씹히는 맛과 향으로 어딘가 2% 부족한 요리의 맛을 단단하게 채운다. 플레이크처럼 잘게 부숴 파스타 마무리에 뿌리면 부드럽고 고소한 치즈의 역할을 하고, 따뜻하게 먹는 샐러드 드레싱에 더하면 따뜻하고 묵직한 맛에 영양 밸런스도 적절하게 채울 수 있다.

ACETO BALSAMICO DI MODENA IGP
ANDREA MILANO
Aceto Balsamico di Modena
il fustino
SANTA BARBARA
Apple Cider Vinegar
ORGANIC
100% PURE

레몬

적절한 산미가 있는 요리를 개인적으로 좋아하다 보니 냉장고에 늘 상비해 두는 것이 바로 레몬이다. 샐러드를 만들 때 시판 드레싱을 쓰지 않는데, 지나치게 높은 당분은 물론 특유의 인위적인 착향이 싫을뿐더러 채소 본연의 맛을 드레싱으로 덮어 버리기 때문이다.
샐러드 드레싱을 만들 때 세우는 기본 원칙은 재료 본연의 맛과 향을 최대한 살리는 것. 데일리 샐러드엔 올리브유나 포도씨유에 마늘과 허브를 다져 넣는데 여기에 레몬즙과 레몬제스트, 소금, 후추 정도만 더해도 충분하다. 레몬을 사용할 때는 잊지 않고 레몬 껍질도 함께 그레이터로 갈아 사용해 향미를 높여보자. 레몬즙을 손으로 짜서 넣을 때는 과육을 힘주어 눌러 말랑말랑하게 한 뒤 반으로 자르면 짜기 수월하고 보다 많은 즙을 짤 수 있다.

각종 비네거

백화점이나 마트, 온라인 마트에서 판매하는 다양한 종류의 비네거(식초)들을 요리에 끌어들이자. 사과 주스를 발효시킨 애플 사이더 비네거, 포도즙을 발효시켜 만든 화이트 또는 레드와인 비네거, 샴페인 비네거, 셰리 비네거, 현미 식초 등 다양한 비네거가 존재한다. 한국 식초를 사용할 경우, 맛이 센 편이라 반드시 맛을 보고 양을 조절해서 쓴다. 발사믹 글레이즈는 단맛과 향이 강하므로 생채소 샐러드보다 구운 재료가 들어간 샐러드와 만났을 때 더 빛을 발하니 참고하자.

허브

허브 하면 토마토 소스 파스타 위에 가니시로 올려진 바질 잎사귀부터 자동으로 떠올리는 사람들이 많을 것이다. 하지만 세상에는 딜, 타임, 로즈메리, 파슬리, 세이지, 애플 민트, 초콜릿 민트 등 다양한 허브들이 있으며 단순히 음식을 돋보이게 하는 장식적인 효과를 뛰어넘어 메인 재료와 만나 좋은 시너지를 발생시키기도 한다.
드라이 허브는 스튜나 볶음처럼 조리가 필요한 메뉴에 사용하면 향을 더 끌어올릴 수 있고, 불을 사용하지 않는 샐러드류에 사용할 경우엔 드레싱에 미리 넣고 불려서 쓰기를 권한다.

코코넛 밀크

코코넛의 과육과 즙을 갈아서 곱게 거른 액체로, 우유나 생크림의 대체품으로 사용할 뿐 아니라 콜레스테롤 수치 조절과 염증 감소에도 효과가 있어 애용한다. 다양한 향신료와 섞어 풍미를 끌어올리는 커리나 수프와 스튜의 마무리에 주로 활용한다. 또한 과일과 함께 갈아 스무디로 먹거나, 퓌레 소스 등 다채로운 요리에 쓰인다.

고추기름(라유, 칠리오일)

고추장을 쓰면 텁텁해지는 맛이 부담스러울 때 킥으로 쓴다. 매콤한 맛만 깔끔하게 남기며 색도 내고 풍미도 한층 올라가는 효과가 있다.

홈메이드 고추기름 만들기

달군 팬이나 웍에 포도씨유 500ml를 붓는다. 대파 1대를 5cm 길이로 자르고 세로로 한 번 더 잘라 통마늘 4~5쪽과 함께 약한 불에서 익힌다. 대파가 향을 내고 마늘이 익었다면 불을 끈 뒤 대파와 마늘을 건져낸다. 커피 여과지나 거름망에 고춧가루 6큰술을 담고 유리 컨테이너 입구에 걸친 뒤 기름을 부어 여과시킨다. 한 김 식힌 뒤 냉장 보관한다.

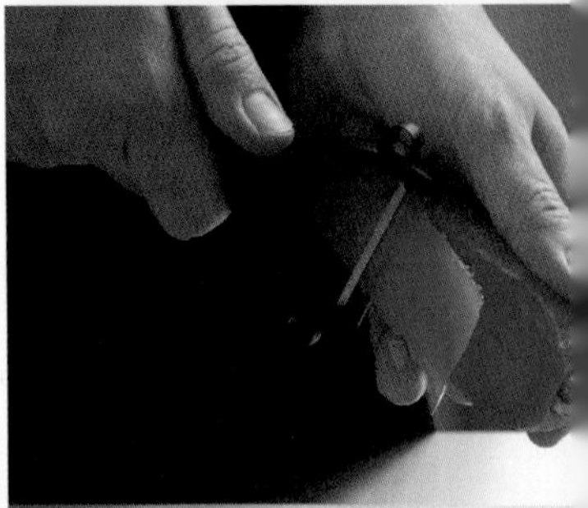

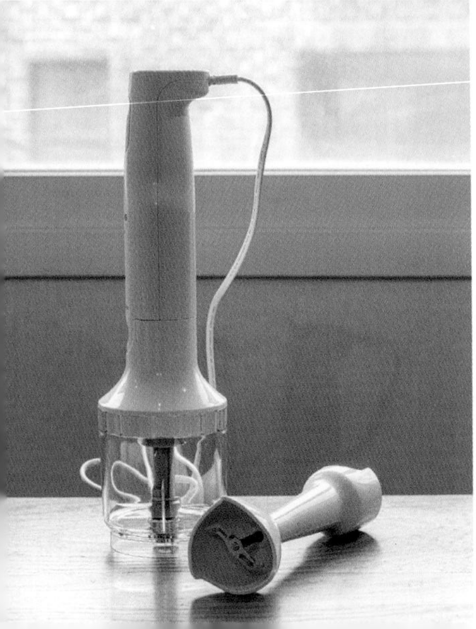

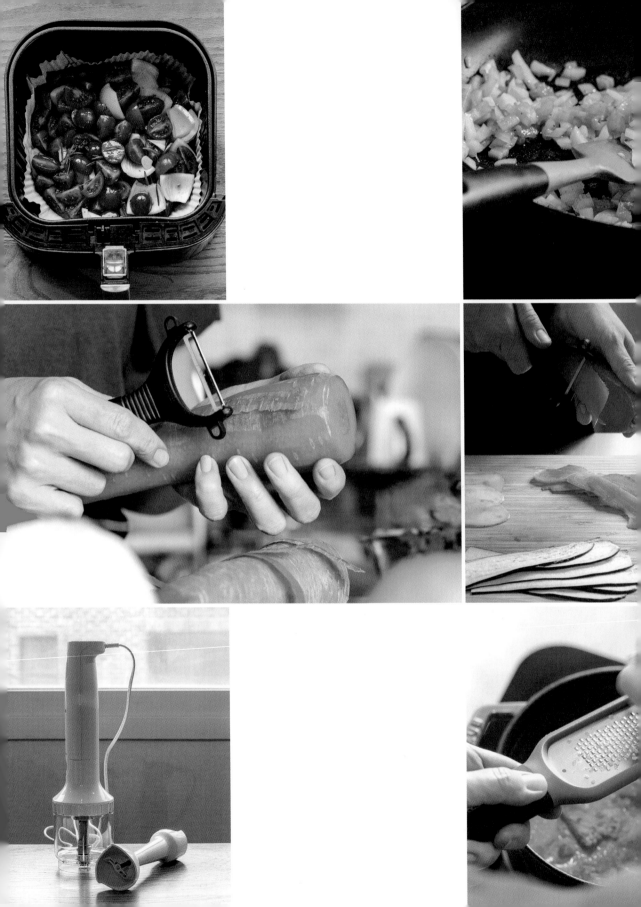

조리 도구의 활용

에어프라이어

이 책에 등장하는 구운 채소 요리는 대부분 팬과 에어프라이어를 사용했다. 오븐처럼 예열도 필요하지 않고 골고루 바삭하게 익혀 주는 데다, 불 앞에 오래 서 있지 않아도 되니 맛과 시간을 함께 잡아 주는 소중한 조리 기구임이 틀림없다. 혹시 신중하게 구입을 고민 중인 독자가 있다면 대용량 사이즈가 다양한 요리에 효과적이라는 것을 꼭 알려 주고 싶다.

실리콘 주걱

재료를 볶거나 섞는 데 쓰이며 소스류를 옮길 때 깔끔하게 덜어져 재료를 낭비하지 않도록 해 준다. 소스용부터 소, 중, 대 크기별로 다양하게 구비해 두면 쓰임이 좋다.

필러&채칼

샐러드를 만들 때 당근이나 호박, 오이, 가지 등 다양한 채소들을 필러나 채칼을 이용해서 얇게 슬라이스해 보자. 시각적으로도 재미있고, 재료별로 이전에 경험하지 못했던 새로운 식감을 느낄 수 있다.

그레이터(제스터)

그레이터 하나면 소스나 드레싱에 필요한 마늘, 생강을 더 세밀하게 갈 수 있고 레몬제스트를 낼 때도 쓸 수 있으니 반드시 하나쯤 구입해 두길 권한다.

절구와 방망이

참깨나 들깨는 가루 형태로 구입하면 유통기한이 짧기 때문에 필요할 때마다 직접 갈아 쓰는 편이다. 작은 사이즈의 돌절구 세트가 있으면 허브를 다지거나 마늘이나 생강을 더해 소스를 믹스할 때에도 요긴하게 쓰인다.

핸드블렌더

요리 초심자가 믹서기와 핸드블렌더 중에 하나만 구비해야 한다면 비교적 자리를 차지하지 않으면서 활용도가 높은 핸드블렌더를 추천하는 편이다. 특히 수프를 만들 때는 재료를 냄비에 다시 옮겨 데워야 하는 번거로운 과정을 생략할 수 있어서 편리하다. 페스토를 만들 때도 핸드블렌더에 포함된 긴 용기에 담아 그대로 갈면 완성되니 조리 과정이 간편해진다.

채소별 100g 중량 예시

눈대중으로 양을 감안해야 할 때 참고하세요.

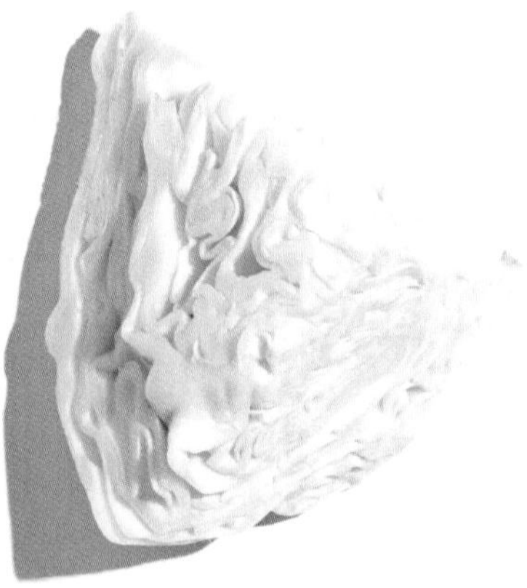

TOMATO

1

무수분 토마토 수프
Tomato Soup

마라 토마토 무침
Mala Tomato Salad

판차넬라 샐러드
Panzanella Salad

포모도로 토스트
Pomodoro Toast

토마토만큼 완전한 식재료가 또 있을까!
씻어서 생으로 바로 먹을 수 있고, 허브와 올리브유, 시트러스 계열을 더하면 상큼한 샐러드로. 향신료를 듬뿍 넣어 채소와 함께 볶아 끓이면 커리, 간단하게는 주스, 차가운 수프로 먹는 가스파초, 저장이 가능한 선드라이드 토마토, 나아가 파스타와 스튜에 이르기까지.
우리가 일상에서 만들 수 있는 토마토 요리들은 차고 넘치도록 많다.

열매채소인 토마토는 그 자체로도 완전하지만, 다른 식재료들과 더해졌을 때 요리의 풍미를 더 높일 수 있다.
그렇기에 채소 요리를 주제로 레시피 정리를 처음 결심했던 때부터 첫 단추를 토마토로 끼우는 일은 내게 너무나도 당연한 일이었다.

일 년 내내 먹을 수 있는 대표 하우스 재배 작물이지만 짠맛, 신맛, 단맛을 고루 갖춘 대저토마토는 2월에서 5월 사이인 제철에만 먹을 수 있고, 찰토마토는 여름이 시작되는 6월부터 9월까지 당도가 가장 높은 편이다.
만졌을 때 단단한 것이 속도 알차다.
가능한 한 꼭지가 마르지 않은 것으로 고른다.
통풍이 잘되는 상온에서 보관하며, 장기 보관 시에는 꼭지 부분에 곰팡이가 생길 수 있으므로 꼭지를 따서 개별 포장한 후 냉장 보관하는 것이 좋다.

무수분 토마토 수프
Tomato Soup

Ingredient 2인분

- □ 방울토마토 500g
- □ 양파 150g
- □ 마늘 2쪽
- □ 로즈메리 또는 타임 2g(드라이 허브로 대체 가능)
- □ 발사믹 비네거 1큰술
- □ 올리브유 5큰술
- □ 소금 2g
- □ 후추 약간

에어프라이어나 오븐으로 간단하게 만드는 무수분 토마토 수프입니다.
오랜 시간 숙성시킨 토마토 엑기스를 마늘과 허브의 풍미로 감싸
감칠맛이 정점에 이른 맛이라고 할까요.
한 끼 식사로도 부족함이 없고, 차갑게 냉장한 상태로
바삭하게 구운 빵 위에 그대로 얹어 먹기에도 좋습니다.

Cuisinart
ml Liter
1000 MAX 1
750
500
250

1 3

4

5 6•

To cook

1. 방울토마토와 마늘은 꼭지를 제거한 뒤 반으로 자른다.
2. 양파는 한입 크기로 자른다.
3. 로즈메리는 줄기에서 잎만 분리한다.
4. 볼에 방울토마토, 양파, 마늘, 허브를 넣고 올리브유 4큰술과 소금, 후추를 뿌려 골고루 섞는다.
5. 에어프라이어에 종이포일을 깔고 잘 섞은 재료들을 담아 고르게 편 뒤 180도에서 15분간 익힌다.
6. 블렌더에 익힌 재료들과 종이포일에 남아 있는 채수까지 모두 넣고 발사믹 비네거를 추가해 곱게 간다.
7. 접시에 담고 올리브유 1큰술과 후추를 뿌려 마무리한다.

마라 토마토 무침
Mala Tomato Salad

Ingredient (2인분)

- □ 찰토마토 2개(방울토마토 300g으로 대체 가능)
- □ 오이* 1개
- □ 고수 10g(쪽파로 대체 가능)
- □ 진간장 3큰술
- □ 소금 ½작은술

- □ 양념장
  - 다진 생강 ½큰술
  - 다진 마늘 ½큰술
  - 진간장 3큰술
  - 식초 3큰술
  - 설탕 1큰술

- □ 화자오 오일(3회 분량)
  - 마늘 10쪽
  - 화자오(사천 후추) 5큰술
  - 말린 베트남 고추 10개
  - 포도씨유 300ml

* 오이 대신 얇게 슬라이스한 양파로 대체해도 좋아요.

겉은 단단하지만 속은 씨가 많고 하얀 찰토마토.
어떨 땐 싱겁거나 푸석하기도 합니다.
이때 감칠맛 나는 양념장을 입혀 식탁을
풍성하게 꾸며 보세요.
반찬이나 술안주라면 간을 더하고,
단독으로 먹는 샐러드라면 심심하게
간하기를 추천합니다.
마라 향에 고수까지 곁들여
이국적인 요리가 탄생합니다.

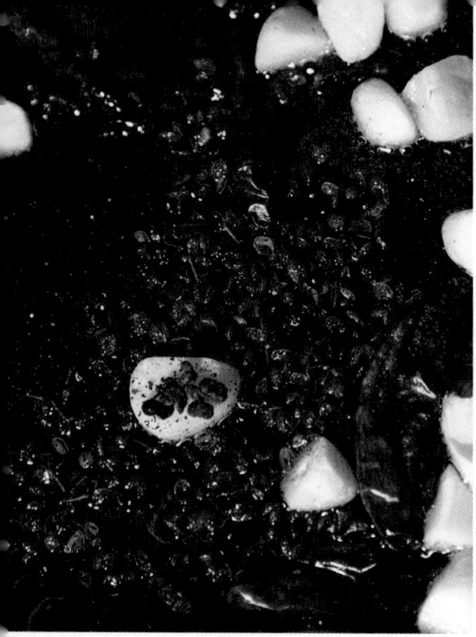

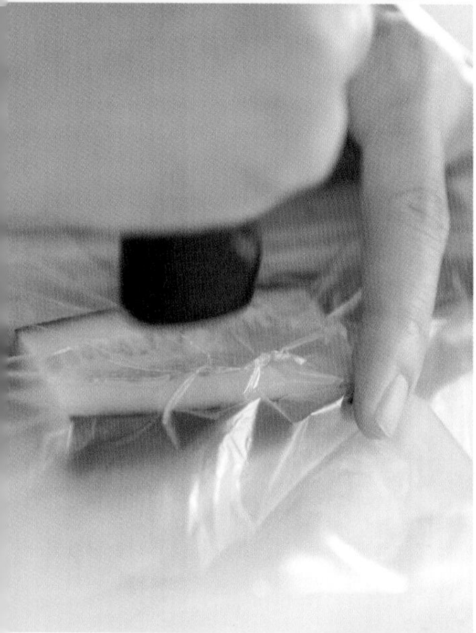

2) 1

3 4 5

6·

화자오 오일 만들기

1) 팬에 포도씨유를 붓고 화자오, 베트남 고추, 슬라이스한 마늘을 넣는다.

2) 약한 불에서 마늘이 노릇하게 색이 날 때까지 익히고 불을 끈다.

3) 한 김 식힌 뒤 유리병에 담아 냉장 보관한다.

tip. 보름 정도 사용 가능하며 요리에 넣을 때는 실온에 잠시 두었다가 사용한다.

To cook

1. 찰토마토는 꼭지를 제거한 뒤 한입 크기로 자른다.
2. 오이는 꼭지를 잘라 내고 가로로 3등분한 뒤 씨가 보이도록 반을 자른다.
3. 비닐봉지에 오이를 담고 칼 손잡이로 씨 부분을 가볍게 툭툭 내려쳐 분리한다.
4. 비닐봉지에 소금을 넣고 잘 흔들어 약 10분간 실온에 두어 절인다.

   tip. 떨어져 나간 씨는 비닐봉지에 두고 과육만 꺼내 쓴다.

5. 볼에 절인 오이와 찰토마토, 양념장 재료와 화자오 오일 3큰술을 넣고 골고루 섞은 뒤 간을 본다.
6. 부족한 간은 간장으로 맞춘 뒤 접시에 담고 고수로 가니시한다.

   tip. 고수는 취향에 따라 조절하고, 남은 소스에 소면이나 엔젤헤어 파스타를 비벼 먹어도 좋다.

판차넬라 샐러드
Panzanella Salad

Ingredient 2인분

- ☐ 바게트 100~150g
- ☐ 방울토마토 300g
- ☐ 바질 잎 10g과 여분 약간
- ☐ 마늘 1~2쪽
- ☐ 올리브유 100ml와 여분 약간
- ☐ 화이트와인 비네거 3큰술
- ☐ 레몬 ½개 분량의 즙과 제스트
- ☐ 소금 1작은술
- ☐ 설탕 ½작은술
- ☐ 후추 약간

식빵은 쉽게 젖으니 바게트나 캄파뉴 같은 단단한 빵을 추천하고, 찰토마토보다는 당도가 높은 방울토마토를 쓰세요.

방울토마토와 알싸한 마늘, 그리고 바질 향 드레싱과 크런치한 크루통의 조화로운 만남! 잘게 썬 생바질은 잎을 통째로 올려 장식했을 때보다 훨씬 더 강한 향을 내며 드레싱과의 시너지도 좋습니다.

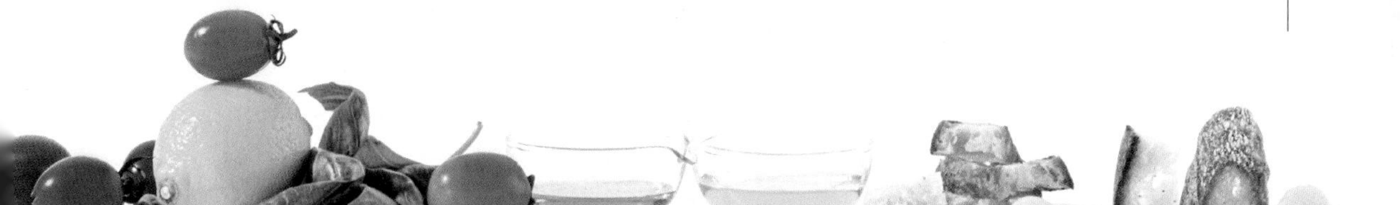

1 2 3

4 5 6

7

To cook

1. 바게트는 한입 크기로 썰어 볼에 담고 올리브유 50ml와 함께 잘 섞어 둔다.

   tip. 미리 오일을 묻혀 둬야 바삭하게 구워진다.

2. 달군 팬에 바게트를 올리고 중간 불에서 노릇하게 익혀 크루통을 만든다.

   tip. 에어프라이어를 사용할 경우 180도에서 10분간 돌린다.

3. 방울토마토는 꼭지를 제거한 뒤 절반으로 자르고, 바질 잎은 여러 장을 겹쳐 세로로 말아 접은 뒤 잘게 썰어 함께 볼에 담는다.

4. 볼에 마늘과 레몬 껍질을 그레이터로 갈아 뿌린다. 레몬 과육은 짜서 즙을 만들어 넣는다.

5. 올리브유 50ml와 화이트와인 비네거, 소금, 설탕, 후추를 넣고 골고루 섞는다.

   tip. 이때 방울토마토 몇 개를 손으로 으깨 즙을 내면 풍성한 맛을 더할 수 있다.

6. 볼에 크루통을 담고 드레싱이 골고루 스며들도록 잘 섞는다.

7. 접시에 옮겨 담고 여분의 바질 잎과 올리브유를 뿌려 마무리한다.

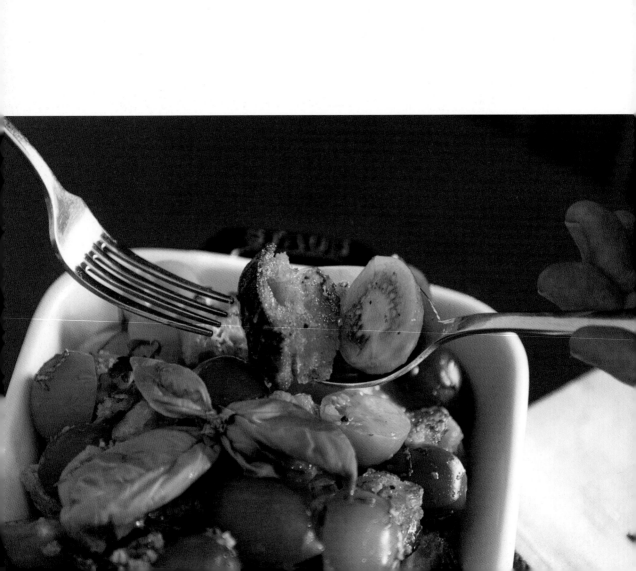

STAUB
STAUB

포모도로 토스트
Pomodoro Toast

토마토 본연의 신맛, 단맛, 짠맛을 200% 느낄 수 있는 리얼 포모도로 토스트입니다.
구운 토스트에 소스를 올려서 먹는 것과는 비교할 수 없는 상큼한 맛이에요.

Ingredient (1인분)

- □ 방울토마토 250g
- □ 바게트 슬라이스* 3~4장
- □ 마늘 1쪽
- □ 바질 잎 10g
- □ 올리브유 50ml와 여분 약간
- □ 소금 약간
- □ 후추 약간

* 부드러운 식빵이 아닌, 바게트처럼 단단하고 쫀득한 식사빵이 좋습니다.

1 2

3

5•

To cook

1. 꼭지를 딴 방울토마토와 마늘, 바질 잎, 소금, 후추를 믹서기에 담는다.
2. 곱게 간 뒤 맛을 보고 소금과 후추를 더해 생과일주스 정도로 간한 토마토 소스를 만든다.
3. 큰 볼에 토마토 소스를 옮겨 담고 바게트를 넣어 앞뒤로 고루 묻힌다.

   tip. 프렌치토스트와 달리 짧게 적시는 것이 포인트다.

4. 달군 팬에 소스를 입힌 바게트를 올리고 남은 소스를 부은 뒤 뚜껑을 덮어 소스가 튀지 않게 한다.
5. 살구색이었던 토마토 소스가 진한 토마토 퓌레 색으로 졸아들 때까지 약한 불에서 천천히 익히고 앞뒤로 한 번씩만 뒤집는다. 이때 올리브유를 조금씩 추가해 토마토 소스가 타지 않게 한다.

   tip. 뒤집개를 두 개 쓰면 수월하다.

6. 접시에 옮겨 담고 팬에 남은 토마토 소스를 올린 뒤 여분의 올리브유와 후추를 뿌려 마무리한다.

CARROT

2

코코넛 당근 수프
Coconut Carrot Soup

당근 글레이즈
Glazed Carrot

당근 라페
Carrot Rappe

당근 뢰스티
Carrot Roesti

당근은 면역 강화와 항산화 작용뿐 아니라, 반 개의 양만으로도 세포 노화를 억제하는 베타카로틴을 충분히 섭취할 수 있는 등 말로 다 하기에는 입이 아플 만큼 건강에 좋다지만,
골라내기 신공들이 밥상에서 덜어 내는 대표 편식 음식 중 하나다.
하지만 의외로 당근 케이크와 당근 주스를 좋아하는 이들도 꽤 많다.

이렇게 호불호가 강한 식재료인 당근을, 색감을 살리는 부재료가 아닌 메인 재료로 요리 수업에 다양하게 활용해 봤더니 이런 피드백을 받았다.
"맛있게 먹었는데, 말 안 하면 당근인지 모를 것 같아요!"
조리법에 따라 식감과 맛이 하늘과 땅 차이로 바뀌는 요리의 세계에선 충분히 있을 수 있는 일이라 해도, 어쩌면 우린 김밥이나 카레 말고는 당근을 진짜 맛있게 먹는 방법을 잘 모르고 있었을지 모른다. 어쨌거나 나는 그저 당근을 좋아하는 사람일 뿐이다.

여름에 파종해서 겨울에 수확하는 제주 당근, 가을이 제철인 강원도 당근, 하우스 재배를 하는 부산 당근 등 계절이 바뀔 때마다 우리나라 곳곳의 제철 당근을 맛보는 재미도 쏠쏠하다.
만졌을 때 표면이 매끄럽고 단단한 것을 고르고, 흙이 있는 상태로 종이나 키친타월에 싸서 서늘한 곳이나 냉장 보관하는 것이 좋다.

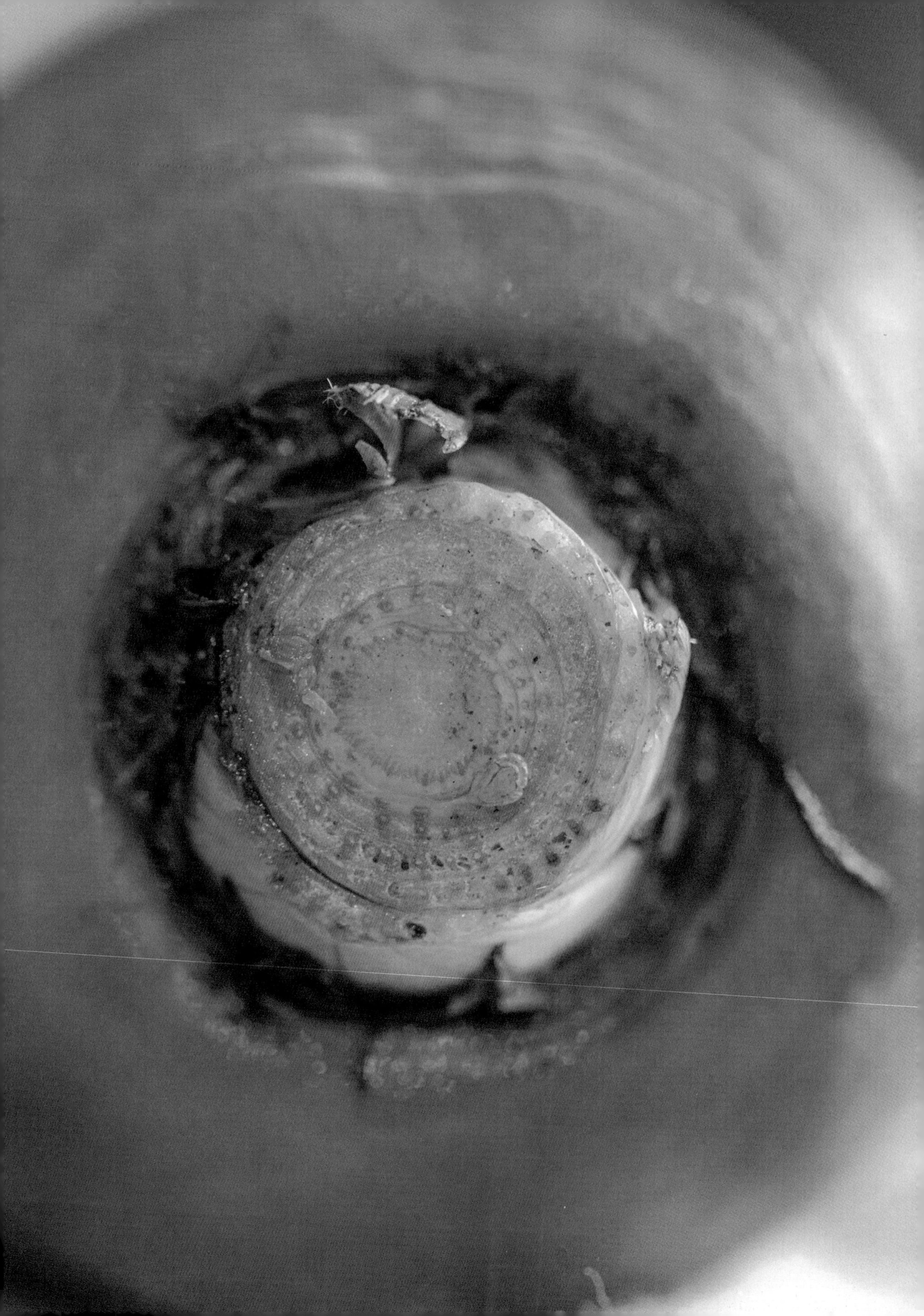

una decina di minuti.

코코넛 당근 수프
Coconut Carrot Soup

Ingredient 2~3인분

- □ 당근 500g(중간 크기 2개)
- □ 양파 250g(대파 1대로 대체 가능)
- □ 생강 엄지손가락 한 마디 크기
- □ 마늘 1쪽
- □ 딜 10g과 여분 약간(생략 가능)
- □ 코코넛 밀크 300ml
- □ 올리브유 50ml와 여분 약간
- □ 레몬 ½개 분량의 즙과 제스트
- □ 소금 약간
- □ 후추 약간
- □ 파프리카 가루 또는 카이엔페퍼 가루 1꼬집(생략 가능)

코코넛 밀크 캔은 수분층이 분리되어 있으므로 쓰기 전에 골고루 섞어 사용합니다.

볶은 당근에 은은한 생강, 향긋한 딜에 코코넛 밀크가 더해져 상큼하고 부드러운 맛을 냅니다.
쨍한 레몬빛 선명한 색감이 식욕을 자극해요.

STAUB
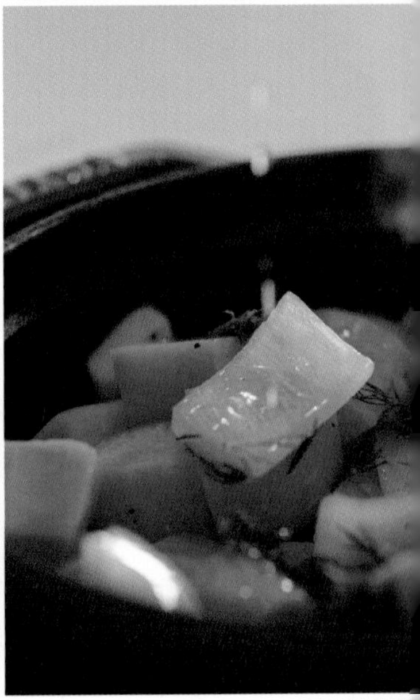

1 2

3 4

5 7

To cook

1. 당근과 양파는 껍질을 벗기고 한입 크기로 깍둑 썬다. 딜은 먹기 좋게 송송 썬다.
2. 냄비에 당근과 양파, 마늘, 생강, 딜을 넣고 올리브유를 두른 뒤 중간 불에서 잘 섞으며 볶는다.
3. 어느 정도 재료가 익으면 물 100ml를 붓고 약한 불로 줄여 당근과 양파가 완전히 익을 때까지 10분간 뚜껑을 덮어 둔다.
4. 코코넛 밀크 1큰술을 남기고 냄비에 모두 부은 뒤 약한 불에서 뭉근하게 10분간 더 끓인다.
5. 레몬 껍질을 그레이터로 갈아 뿌리고, 과육은 짜서 즙을 만들어 넣고 섞은 뒤 불을 끈다.
6. 소금과 후추로 간한 뒤 블렌더에 넣어 곱게 간다.
7. 수프 볼에 옮겨 담고 코코넛 밀크 1큰술을 중앙에 올린 뒤 파프리카 가루, 여분의 딜과 올리브유를 뿌려 마무리한다.

FRANCE

당근 글레이즈
Glazed Carrot

Ingredient

2인분

□ 당근 250g(중간 크기 1개)
□ 대파 1대
□ 이탈리안 파슬리 10g과 여분 약간(쪽파로 대체 가능)
□ 디종 머스터드 ½큰술
□ 메이플 시럽 또는 올리고당 2큰술
□ 올리브유 2큰술
□ 레몬 ½개 분량의 제스트
□ 카레가루 ½큰술(가람 마살라, 커민파우더로 대체 가능)
□ 소금 약간
□ 후추 약간

구운 대파와 당근은 풍미 있는 단맛을, 레몬과 허브는 쨍한 상큼함을 줍니다.
여기에 약간의 향신료와 달콤함이 더해져 지루한 식탁을 근사하게 돋보여 주는 사이드 메뉴가 탄생합니다.

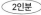

4•

5

6•

To cook

1. 작은 볼에 디종 머스터드, 메이플 시럽, 카레가루를 넣고 레몬 ½개를 짜 즙을 만들어 넣은 뒤 잘 섞어 소스를 만든다.
2. 당근은 필러로 껍질을 벗긴 뒤 한입 크기로 깍둑 썬다.
3. 대파는 손가락 마디 하나 정도 길이로 썬다. 이탈리안 파슬리는 줄기에서 잎을 분리한 뒤 잎만 잘게 다진다.
4. 달군 팬에 올리브유를 두르고 당근, 대파, 다진 이탈리안 파슬리를 순서대로 텀을 두고 넣은 뒤 소금과 후추로 간하여 볶는다.
5. 당근이 부드럽게 익으면 소스를 붓고 센 불에서 당근과 대파에 소스를 코팅시키듯 잘 섞으며 볶는다.
6. 여분의 이탈리안 파슬리와 후추를 뿌리고 레몬 껍질을 그레이터로 갈아 뿌려 마무리한다.

당근 라페
Carrot Rappe

프랑스식 당근 샐러드로 얇게 채 썬 당근을 상큼한 드레싱에 버무려 아삭한 식감을 살려서 만드는 것이 특징입니다.
바삭하게 구운 토스트 위에 듬뿍 올려 먹거나 고구마나 감자 등의 각종 구황작물과 곁들여도 잘 어울립니다.
직접 썰기보다 채칼 사용을 권하며, 차갑게 할수록 더욱 아삭한 식감을 즐길 수 있으니 참고하세요.

Ingredient (2~3인분)

- □ 당근 500g(중간 크기 2개)
- □ 간 생강 1작은술
- □ 이탈리안 파슬리 잎 10g
- □ 올리브유 3큰술
- □ 홀그레인 머스터드 ½큰술
- □ 레몬 1개 분량의 제스트
- □ 레몬 ⅓개 분량의 즙 (화이트와인 비네거나 사과식초 2큰술로 대체 가능)
- □ 소금 1작은술
- □ 설탕 1작은술
- □ 후추 약간(생략 가능)

2 3

4

To cook

1. 당근은 양 끝을 자르고 필러로 껍질을 벗긴 뒤 채칼로 길게 채 썬다.
2. 볼에 채 썬 당근을 담고 이탈리안 파슬리를 잘게 썰어 넣는다.
3. 볼에 간 생강과 홀그레인 머스터드, 소금, 후추, 설탕, 올리브유를 넣고 레몬은 껍질을 그레이터로 갈아 뿌리고 즙을 짠 뒤 골고루 섞는다.
4. 저장 용기에 옮겨 담고 1시간 정도 냉장 보관한 뒤 먹는다.

   tip. 오래 둘수록 신맛이 올라오므로 이틀 안에 소진한다.

당근 뢰스티
Carrot Roesti

스위스식 감자전인 뢰스티의 주재료를 당근으로 바꿔 만들어 보았습니다. 이 레시피는 밀가루와 물을 넣는 전과 달리 감자전분이나 옥수수전분만을 묻혀 물 없이 바로 굽는 특징이 있어요. 반죽옷이 없어 색이 확 살아난답니다. 특히 채 썬 당근을 기름에 올려 튀기듯 부치면 당근 특유의 향은 사라지고, 마치 군고구마와 같은 달콤한 향이 나지요. 크리스피한 식감에 카레 향이 자연스럽게 스며들어 놀라운 풍미를 자아내요.

Ingredient 1~2인분

- □ 당근 500g(중간 크기 2개)
- □ 감자전분 4~5큰술
- □ 카레가루 1작은술
- □ 포도씨유 적당량
- □ 소금 ½작은술
- □ 고수 또는 쪽파 10g

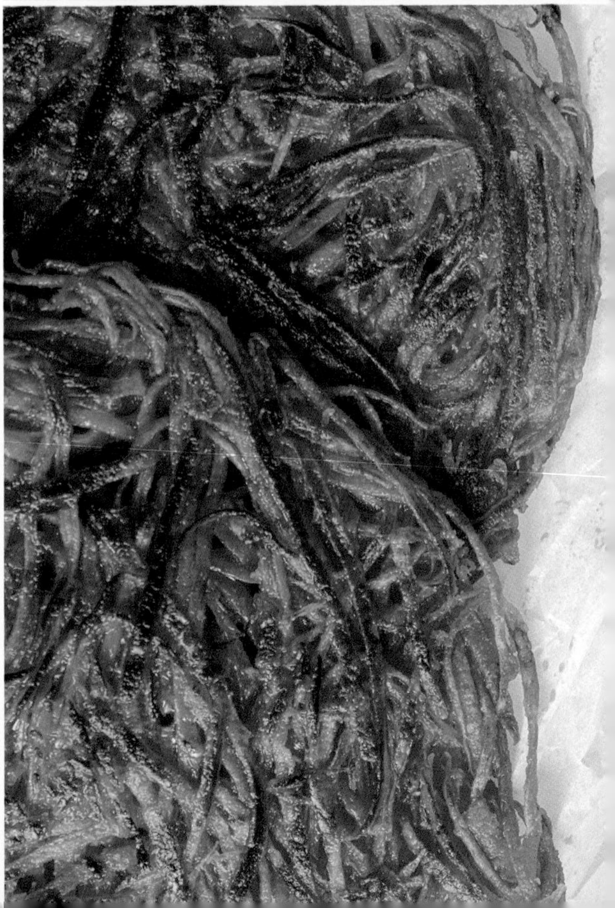

2 3

4 5

To cook

1. 당근은 양쪽 끝을 자르고 껍질을 벗긴 뒤 채칼로 길게 채 썬다.
2. 볼에 채 썬 당근과 감자전분, 카레가루, 소금을 넣은 뒤 젓가락으로 골고루 섞어 물 없이 반죽을 만든다.
3. 달군 팬에 포도씨유를 두르고 반죽을 최대한 얇고 고르게 펼쳐 올린 뒤 중약불에서 천천히 익힌다.

   tip. 중약불에서 구워야 바삭한 식감의 뢰스티를 만들 수 있다.
4. 굽는 중간에 포도씨유를 추가로 넉넉히 둘러 앞뒤로 튀기듯 바삭하게 익힌다.
5. 접시에 옮겨 담고 다진 고수나 쪽파를 뿌려 마무리한다.

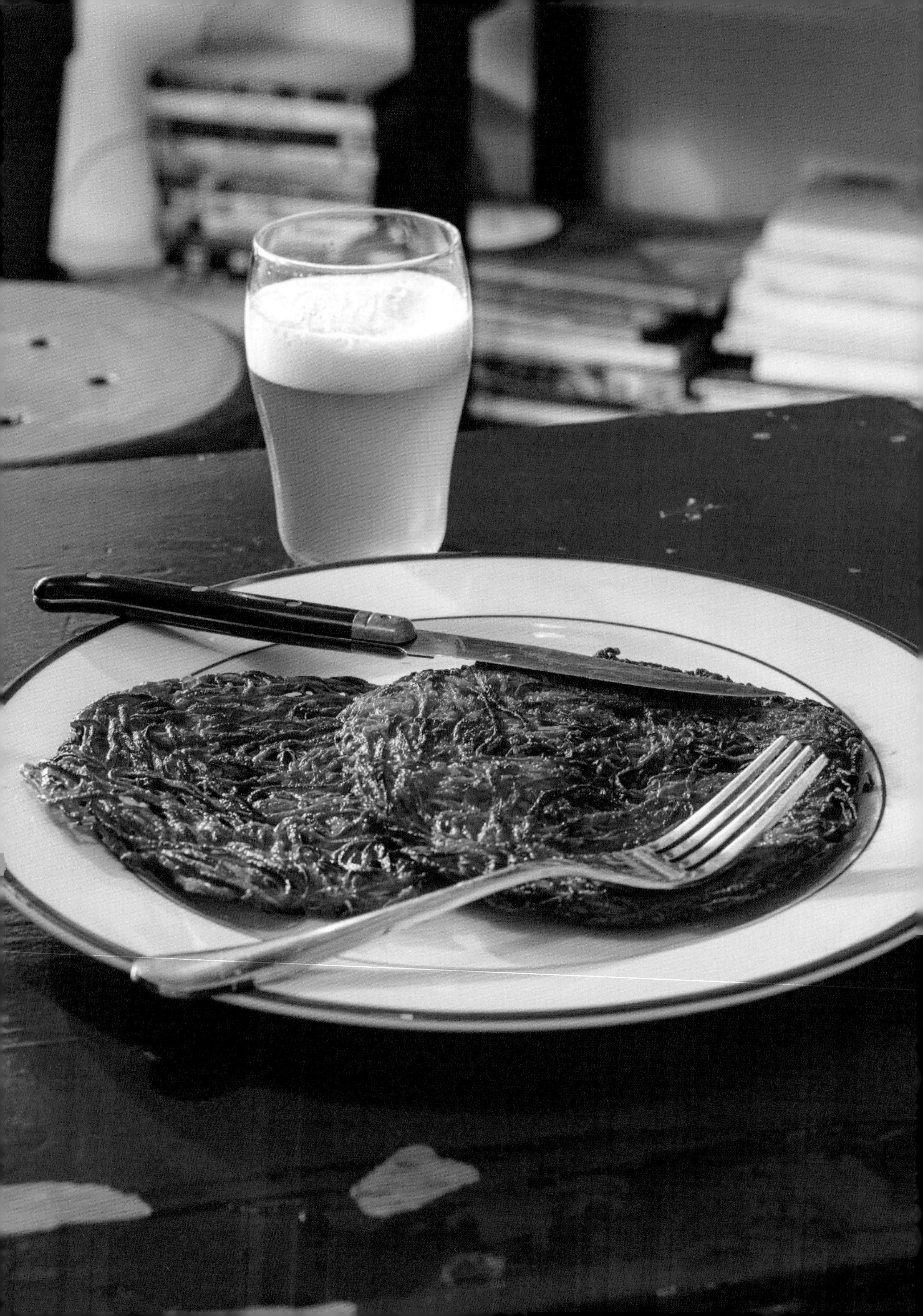

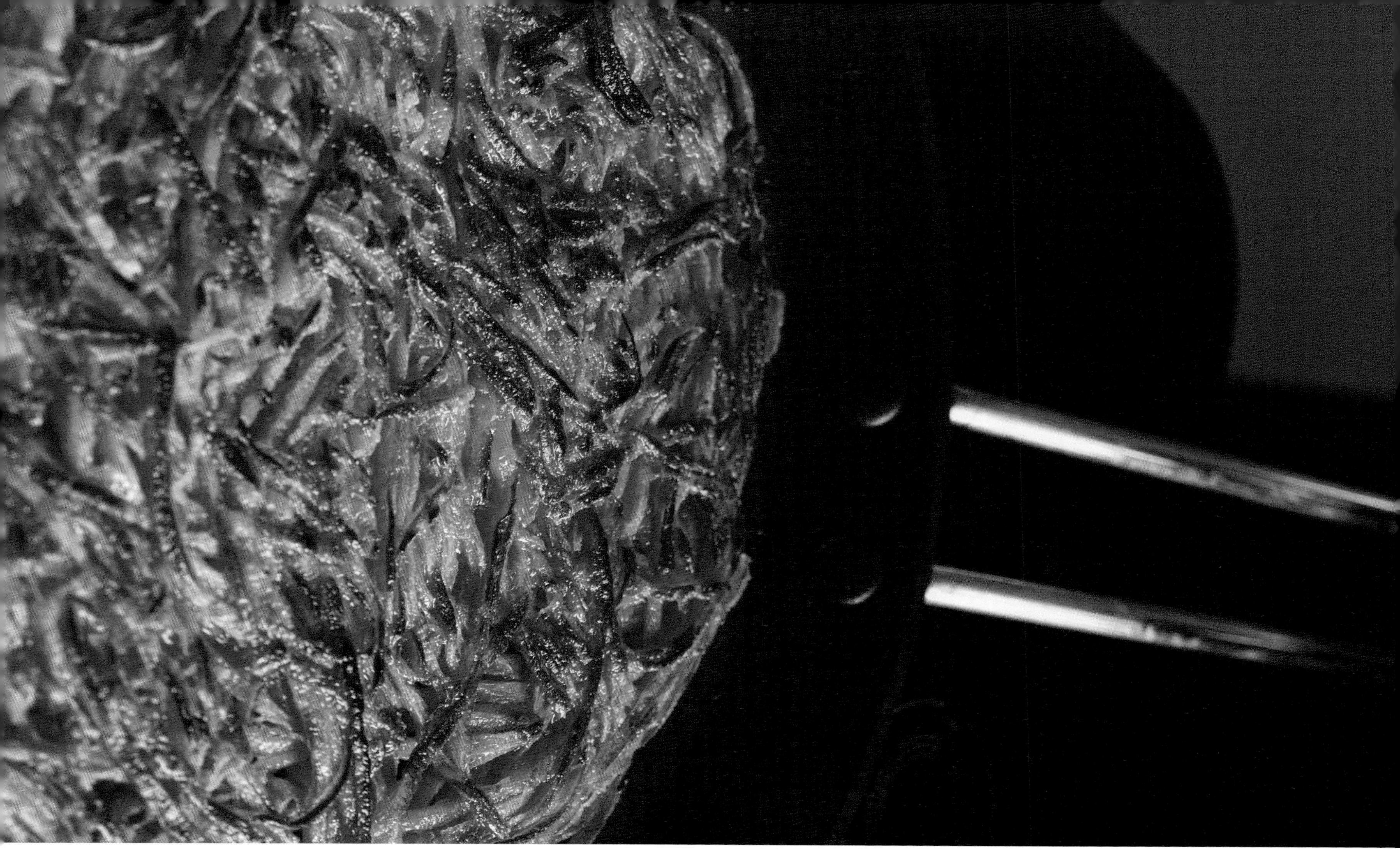

PUMPKIN

3

주키니 누들
Zucchini Noodle

구운 애호박과 레몬 타임
Roasted Green Pumpkin with Lemon Thym

롤링 애호박 프라이
Rolling Green Pumpkin Fry

단호박 뇨키
Autumn Squash Gnocchi

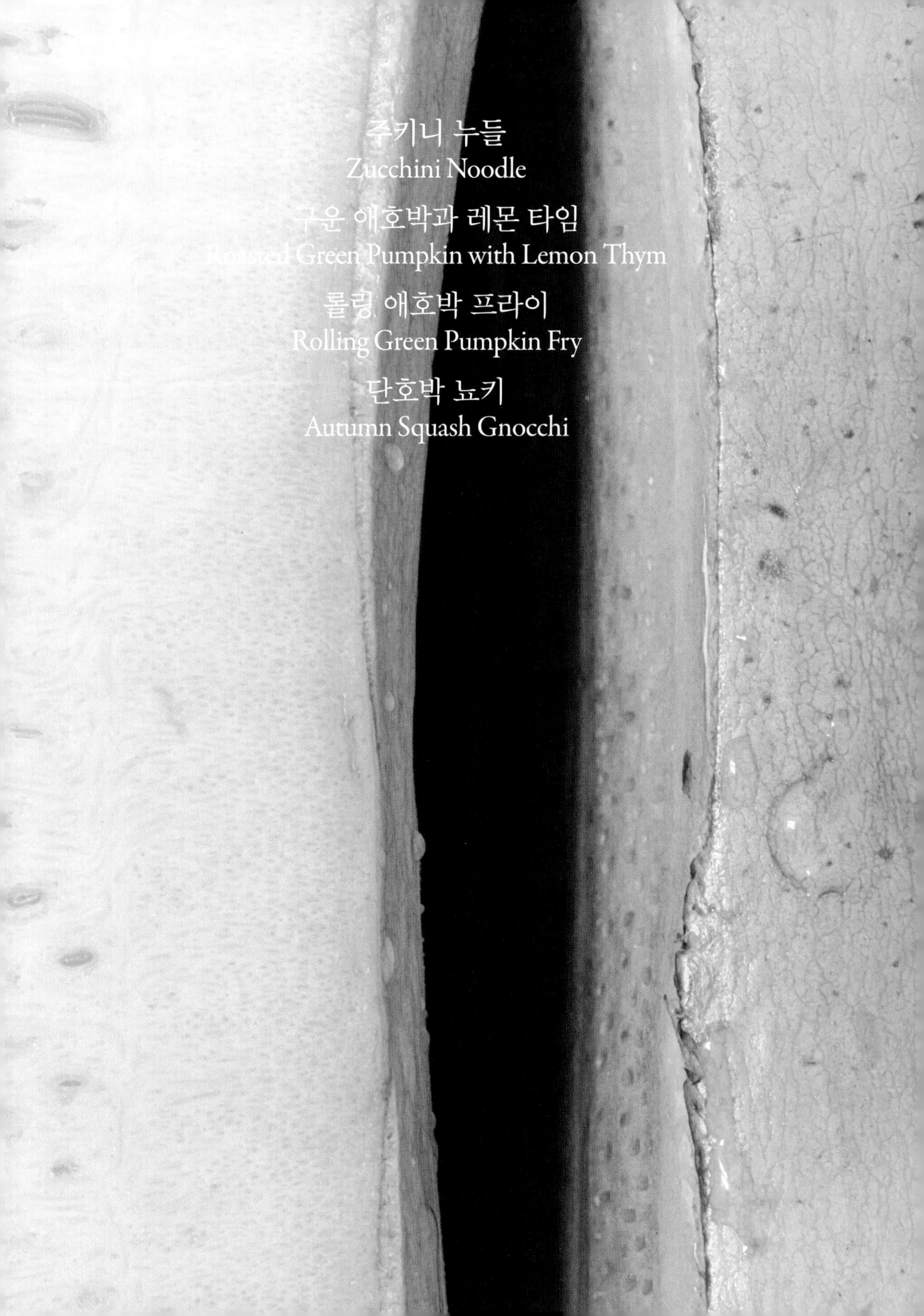

여름과 가을이 제철인 호박은 나물, 전, 찌개, 찜, 고명 등 다수의 요리에 주조연을 오가며 식탁 위에서 바삐 활약하는 채소임에 틀림없다.

애호박은 단맛이 강하고 부드러운 것이 특징으로, 표면이 고르고 꼭지가 싱싱하게 달린 것을 고르자. 보관할 때는 종이에 감싸서 건조한 상태로 냉장 보관한다.

식사부터 디저트까지 요리에 고르게 쓰이는 단호박은 단연 가을이 제철이다. 단맛이 강한데 포만감이 높고 칼로리는 낮은 편이라 다이어트 식품으로도 이만한 것이 없다. 표면이 단단하고 무거울수록 속이 알차고 달다. 전자레인지에 3~4분간 돌리면 껍질을 벗기기 훨씬 수월하고, 장기 보관을 할 때는 4등분한 뒤 씨를 파내고 랩을 씌워 냉동 보관한다.

애호박과 비슷한 듯 다른 주키니는 돼지호박이라고도 불린다. 수분 함량이 높고 소화도 잘되지만 다른 호박에 비해 단맛이 덜한 특징이 있다. 다른 채소들과 함께 볶아 토마토 소스와 조리하는 라타투이나 채 썰어 만드는 주키니 브레드도 시도해 보자. 솜털이 보송보송하게 있고 매끈한 것이 싱싱한 것이다. 습기가 차지 않도록 키친타월에 감싸서 냉장 보관한다.

주키니 누들
Zucchini Noodle

Ingredient (1~2인분)

- □ 주키니 1개
- □ 방울토마토 5~6개
- □ 레몬 ½개 분량의 즙과 제스트
- □ 올리브유 5큰술
- □ 소금 약간
- □ 후추 약간

- □ 마늘 플레이크
  - 마늘 3쪽
  - 빵가루 3큰술
  - 올리브유 2큰술

애호박 같기도 하고 오이 같기도 한 주키니를 만나면 어떻게 해 먹을지 망설였던 분들에게 드리는 레시피입니다.
저칼로리라 부담없이 즐길 수 있을뿐더러 토마토의 감칠맛과 마늘 플레이크의 바삭함이 더해져 든든한 한 끼 식사로 제격이에요.
색감이 예뻐 손님 초대상에도 활용하기 좋답니다.

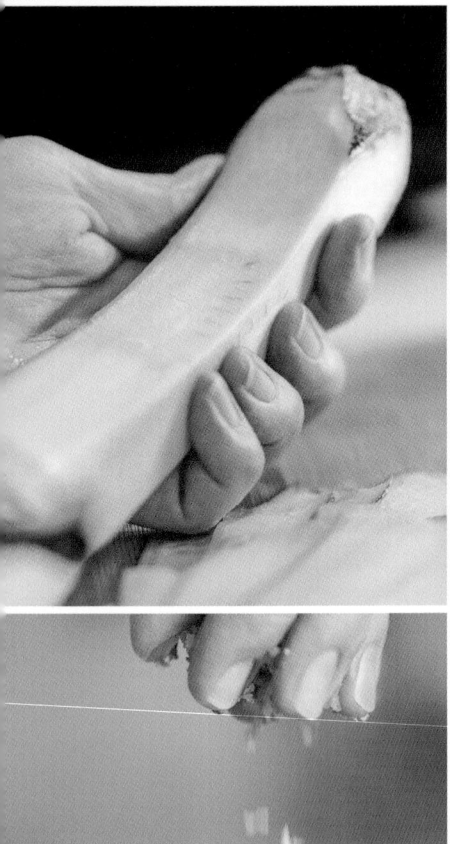

2) 3)

1 3•

5•

마늘 플레이크 만들기

1) 마늘은 얇게 슬라이스한다.

2) 달군 팬에 올리브유를 두른 뒤 마늘을 넣고 약한 불에서 잘 섞으며 익힌다.

3) 마늘이 살짝 익으면 빵가루를 넣고 5~8분간 골고루 섞어 노릇하고 바삭하게 익힌 뒤 불을 끄고 한 김 식힌다.

To cook

1. 주키니는 양 끝 꼭지를 자르고 필러로 껍질을 벗겨낸 뒤 4면으로 돌려가며 얇게 슬라이스한다.

   tip. 씨가 모여 있는 중심부로 갈수록 수분이 많이 나오기 때문에 이 부분은 쓰지 않고 남겨 둔다.

2. 방울토마토는 꼭지를 딴 뒤 반으로 자른다.
3. 달군 팬에 올리브유를 두르고 방울토마토와 주키니를 넣어 스테이크를 시어링하는 느낌으로 센 불에서 짧게 볶는다.
4. 소금과 후추로 간하고 레몬은 껍질을 그레이터로 갈아 뿌리고 즙을 짜서 넣은 뒤 골고루 섞는다.
5. 접시에 옮겨 담고 마늘 플레이크를 듬뿍 올려 마무리한다.

구운 애호박과 레몬 타임
Roasted Green Pumpkin with Lemon Thym

Ingredient (2~3인분)

- □ 애호박 2개
- □ 마늘 4쪽
- □ 레몬 ½개
- □ 타임 2g
- □ 올리브유 3~4큰술
- □ 소금 약간
- □ 후추 약간

아삭아삭 식감을 살려 구운 애호박은 그 자체로도 충분히 달고, 레몬과 타임의 싱그러운 향은 대단한 수고로움 없이도 근사한 요리를 만들어 낸 기분을 더해 줍니다.

1 3·

4 5

To cook

1. 애호박은 양 끝 꼭지를 자르고 가로로 반 자른 뒤 다시 세로로 4등분한다.
2. 마늘은 편 썬다.
3. 달군 팬에 올리브유를 넉넉히 두른 뒤 애호박을 넣고 겉을 살짝 태우듯이 중간 불에서 짧게 익힌다. 이때 소금과 후추로 간한다.
4. 레몬과 마늘, 타임을 함께 넣고 향을 내며 굽는다.
5. 접시에 옮겨 담고 구운 레몬의 즙을 짜서 고루 뿌린 뒤 후추를 뿌려 마무리한다.

롤링 애호박 프라이
Rolling Green Pumpkin Fry

애호박은 굽거나 튀겼을 때 극강의 단맛이 나옵니다.
두껍지 않은 튀김옷이라 가볍게 먹을 수 있고,
초간장 소스가 과하지 않게 적당히 간을 맞춰 줍니다.
동글동글하게 말린 애호박 프라이를 꼬치에서
하나씩 빼 먹는 재미도 쏠쏠해요.
채소를 싫어하는 이들도 이 요리 앞에서만큼은
젓가락이 바빠진답니다.

Ingredient (1~2인분)

- □ 애호박 1개
- □ 포도씨유 350ml(지름 20cm 팬 기준)
- □ 감자전분 2큰술
- □ 부침가루 2큰술
- □ 칠리 플레이크 1작은술
- □ 나무 꼬치 4~5개

- □ 소스
  - 진간장 1큰술
  - 식초 1큰술

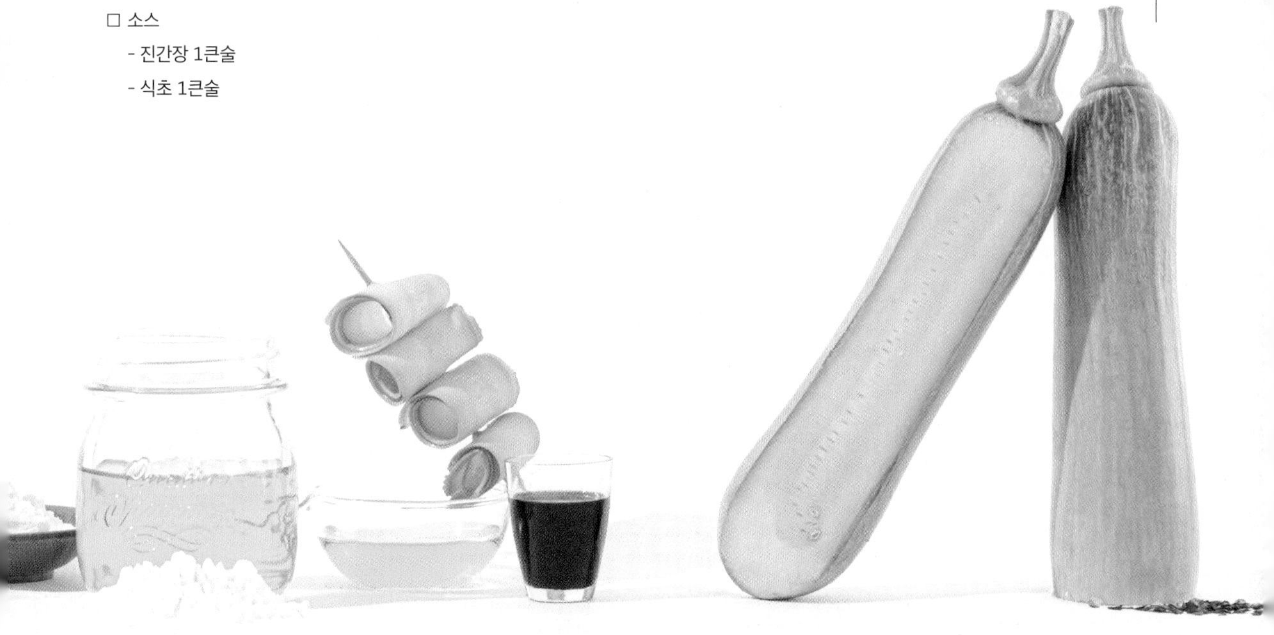

4 5·

6 7·

8

To cook

1. 볼에 감자전분과 부침가루를 담고 차가운 물 150ml를 넣어 곱게 섞는다.
2. 작은 볼에 소스 재료를 모두 담고 잘 섞는다.
3. 팬에 포도씨유를 넉넉히 붓고 190도로 가열한다.

   tip. 반죽을 조금 넣어 튀기기 적당한 온도인지 확인해도 좋다.

4. 애호박은 양 끝 꼭지를 자른 뒤 필러로 얇게 슬라이스한다.
5. 얇게 슬라이스한 애호박을 돌돌 말아 나무 꼬치에 3~4개씩 꽂는다.
6. 꼬치 위에 숟가락으로 ①의 반죽을 고루 끼얹는다.
7. 달군 튀김 팬에 반죽옷을 입힌 꼬치를 넣어 약 2~3분간 튀긴 후 건져 내 키친타월 위에 올려 기름기를 뺀다.
8. 접시에 옮겨 담고 칠리 플레이크와 소스를 뿌려 마무리한다.

단호박 뇨키
Autumn Squash Gnocchi

Ingredient (2인분)

단호박 퓌레

- □ 단호박 300g
- □ 양파 100g
- □ 마늘 1쪽
- □ 구운 아몬드 10개
- □ 올리브유 적당량
- □ 단호박 삶은 물 200ml
- □ 소금 약간
- □ 후추 약간

뇨키

- □ 단호박 200g
- □ 로즈메리 또는 타임 2g과 여분 약간
  (드라이 허브로 대체 가능)
- □ 강력분 3큰술과 여분 약간
- □ 올리브유 2큰술
- □ 소금 ½작은술
- □ 후추 약간

한겨울 느낌이 물씬 나는 단호박 뇨키는 허브와 견과류를 더해 입안 가득 풍성한 질감과 맛을 냅니다.
단호박 퓌레는 수프로, 뇨키는 토마토, 크림 등 다양한 베이스의 파스타 재료로 활용해 보세요.

ORGANIC

1 4 5

6 8 9·

10·

To cook

1. 단호박은 전자레인지에 넣고 2분간 돌린 후, 절반으로 잘라 씨를 파내고 껍질을 벗긴다.
2. 냄비 안에 채반을 넣고 물이 채반 위로 올라오지 않을 만큼 담은 뒤 단호박의 자른 단면이 아래로 가도록 올린다. 중간 불에서 15분간 익힌 뒤 퓌레용 300g과 뇨키용 200g으로 나눠 둔다.
3. 양파와 마늘은 다진다.
4. 달군 팬에 올리브유를 두른 뒤 양파와 마늘, 구운 아몬드를 넣고 소금과 후추로 간하여 볶는다.
5. 블렌더에 퓌레용 단호박과 볶은 양파와 마늘, 구운 아몬드, 단호박 삶은 물을 넣고 곱게 갈아 단호박 퓌레를 만든다.
6. 뇨키용 단호박에 강력분 3큰술과 소금, 로즈메리 다진 것을 함께 잘 섞은 뒤 동그랗게 뭉쳐 부드러운 반죽을 만든다.

   tip. 이때 반죽의 농도가 너무 되직하면 단호박 삶은 물을 추가하고, 너무 질면 여분의 밀가루를 더한다.

7. 동그랗게 만든 반죽을 랩으로 싼 뒤 냉장고에 넣어 30분간 휴지시킨다.
8. 휴지시킨 반죽을 길게 굴려 한입 크기로 자르고 여분의 강력분을 묻힌다.
9. 끓는 물에 뇨키 반죽을 넣고 위로 떠오르면 바로 건져 내 올리브유 2큰술을 뿌려 섞어 둔다.
10. 접시에 퓌레를 붓고 그 위에 뇨키를 올린다. 다진 아몬드와 로즈메리, 올리브유, 후추를 뿌려 마무리한다.

    tip. 취향에 따라 코코넛 밀크를 추가해도 좋다.

CABBAGE

4

양배추 스테이크
Cabbage Steak

오리엔탈 코울슬로
Oriental Coleslaw

알배추 발사믹 볶음
Balsamic Cabbage

구운 미니양배추와 된장와사비 소스
Roasted Brussels Sprouts with Sauce

배추는 김치, 국, 찌개, 쌈, 무침이나 샐러드, 전, 찜, 만두소 등 다양한 조리법과 맛으로 한국인의 밥상에 빠지지 않고 오르내리는 대표 식재료다.

1월부터 3월까지는 일반 배추와 달리 잎이 옆으로 넓게 퍼져 있고 단맛이 특징인 봄동이, 11월과 12월 사이 추워지기 시작하는 날씨에는 식감이 아삭하고 감칠맛이 좋은 얼갈이배추가 제철이다. 3월부터 6월까지가 제철인 양배추는 쌈이나 찜, 볶음 같은 한식은 물론 샐러드, 피클, 샌드위치 속재료 등 양식에도 다채롭게 활용된다.

배추는 겉잎을 2~3장가량 떼어 낸 후 사용하고, 반으로 잘랐을 때 속이 빈틈없이 꽉 차 있고 노란빛을 띠는 것일수록 달고 맛있다. 쉽게 시들기 때문에 2~3일 내로 먹는 것이 좋고, 냉장 보관 시에는 종이로 잘 감싼 뒤 비닐 팩에 한 번 더 싸는 것을 권한다. 국거리로 쓸 요량이라면 살짝 데쳐 먹기 좋게 자른 뒤 소분해서 냉동 보관하는 것이 좋다. 양배추도 소분한 뒤 종이에 싸서 비닐 팩에 담고 냉장 보관한다.

양배추 스테이크
Cabbage Steak

Ingredient (2인분)

□ 양배추 ¼개
□ 올리브유 적당량
□ 소금 약간

□ 드레싱
- 적양파 200g
- 마늘 2쪽
- 이탈리안 파슬리 10g
- 레몬 ½개 분량의 즙과 제스트
- 디종 또는 홀그레인 머스터드 1작은술
- 메이플 시럽 1큰술
- 화이트와인 비네거 2큰술
- 소금 약간
- 후추 약간

양배추 겉면을 살짝 태우듯 바삭하게 굽는 것이 이 레시피의 포인트입니다.
허브와 레몬의 상큼한 드레싱은 양배추 특유의 들큼한 냄새를 잡아 주고, 아삭한 양파의 식감은 곁들여 먹었을 때 씹는 재미를 더해 줍니다.

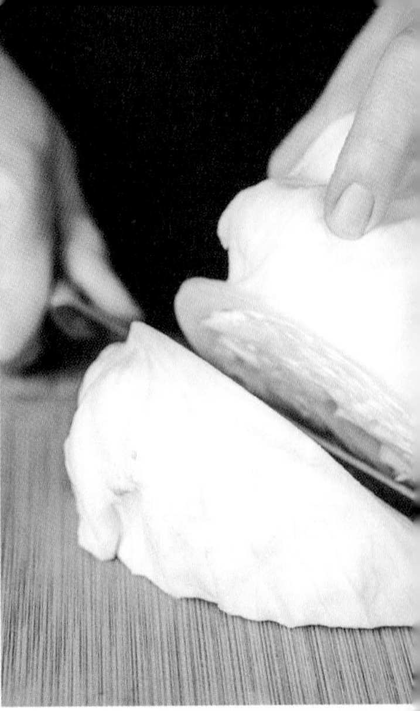

3) 1

2

3• 4

드레싱 만들기

1) 이탈리안 파슬리와 적양파를 잘게 다져 볼에 담고 마늘은 그레이터에 곱게 갈아 넣는다.

2) 레몬은 껍질을 그레이터에 갈아 뿌리고, 즙을 짜 넣는다.

3) 메이플 시럽과 디종 머스터드, 화이트와인 비네거를 넣고 잘 섞은 뒤 소금과 후추로 간한다.

4) 용기에 담고 먹기 직전까지 차갑게 냉장 보관한다.

To cook

1. 양배추는 꼭지를 중심으로 3등분한다.

   tip. 꼭지를 살려 두어야 팬에서 뒤집을 때 수월하므로 꼭 남긴다.

2. 달군 팬에 올리브유를 두르고 양배추를 올린 뒤 뚜껑을 덮어 중약불에서 약 3분간 익힌다. 이때 소금을 살짝 뿌려 간한다.

3. 뚜껑을 열고 겉이 살짝 태워지듯 구워졌다면 올리브유를 다시 충분히 두른 뒤 뒤집어 같은 방법으로 반대쪽 면을 익힌다. 이때 팬 손잡이를 잡고 양배추를 원을 그리듯 둥글게 돌려 팬과 양배추의 단면을 마찰시킨다.

4. 양배추 단면이 알맞게 태워지면 접시에 옮겨 담고 드레싱을 듬뿍 올린 뒤 포크와 나이프를 함께 낸다.

How to cut

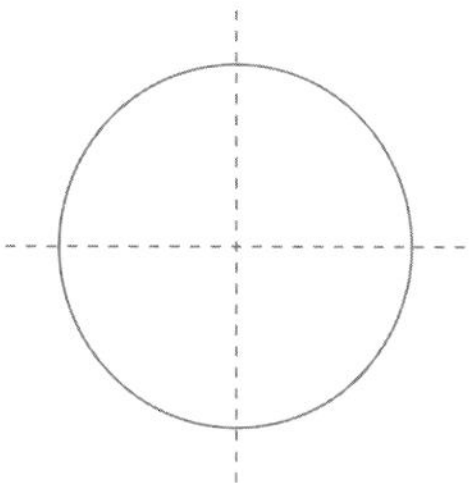

양배추 1통을 4등분

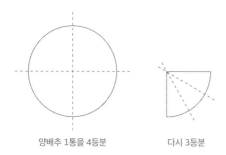

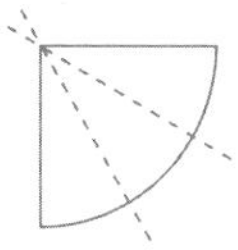

다시 3등분

오리엔탈 코울슬로
Oriental Coleslaw

Ingredient (2인분)

- □ 양배추 ⅕개(150g)
- □ 사과 ½개(100g)
- □ 풋고추 또는 오이고추, 피망 중 택 1개
- □ 양파 100g
- □ 당근 100g
- □ 식초 3~4큰술
- □ 통깨 1큰술 또는 고수 약간(선택 사항)

- □ 소스
  - 간 마늘 1큰술
  - 간 생강 1큰술
  - 땅콩버터 4큰술
  - 식초 4큰술
  - 매실액 2큰술
  - 진간장 2큰술
  - 소금 ½작은술

땅콩버터가 마늘, 생강, 식초, 간장과 만나면 채소나 과일과 훌륭하게 어우러지는 밸런스 최고의 드레싱이 됩니다.
개인적으로 땅콩 100%의 무가당 버터를 추천하는데, 필요 이상의 당분이 채소들의 고유한 맛과 향을 해치기 때문이에요.
샌드위치 속으로도 활용해 보세요.

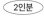

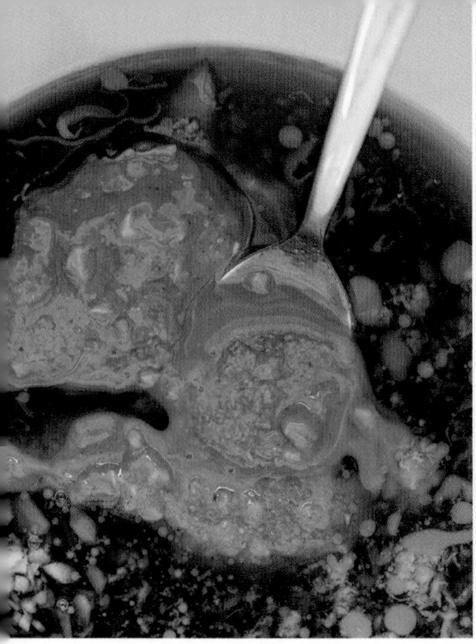

1 5•

To cook

1. 볼에 소스 재료를 모두 담고 골고루 섞는다.
2. 양배추와 사과는 채칼이나 칼로 잘게 채 썬다.
3. 볼에 찬물을 담고 식초를 넣어 섞은 뒤 채 썬 양배추와 사과를 약 5분간 담갔다가 체에 밭쳐 물기를 뺀다.

   tip. 이렇게 해야 양배추와 사과의 식감이 아삭해지고 갈변도 방지된다.

4. 양파는 얇게 슬라이스하고 풋고추는 세로로 반 잘라 씨를 제거한 뒤 어슷 썬다.
5. 큰 볼에 손질한 재료를 모두 담고 소스를 부은 뒤 젓가락으로 골고루 섞는다.

   tip. 소스가 제법 뻑뻑해 처음엔 잘 섞이지 않지만, 채소에서 나오는 수분으로 곧 부드러워진다.

6. 접시에 옮겨 담고 취향에 따라 통깨나 고수를 뿌려 가니시한다.

알배추 발사믹 볶음
Balsamic Cabbage

알배추를 센 불에서 재빨리 볶아 아삭한 식감을
그대로 살렸습니다.
전분기가 더해진 발사믹 소스의 묵직하면서도
상큼한 맛과 배추의 단맛이 의외로 잘 어울리니
꼭 한 번 시도해 보세요.

Ingredient (1~2인분)

- ☐ 알배추 ¼개(150g)
- ☐ 마늘 3~4쪽
- ☐ 올리브유 3~4큰술
- ☐ 발사믹 글레이즈 2큰술
- ☐ 전분가루 1큰술
- ☐ 소금 ½작은술
- ☐ 후추 약간
- ☐ 감태가루 또는 페퍼론치노(선택 사항) 약간

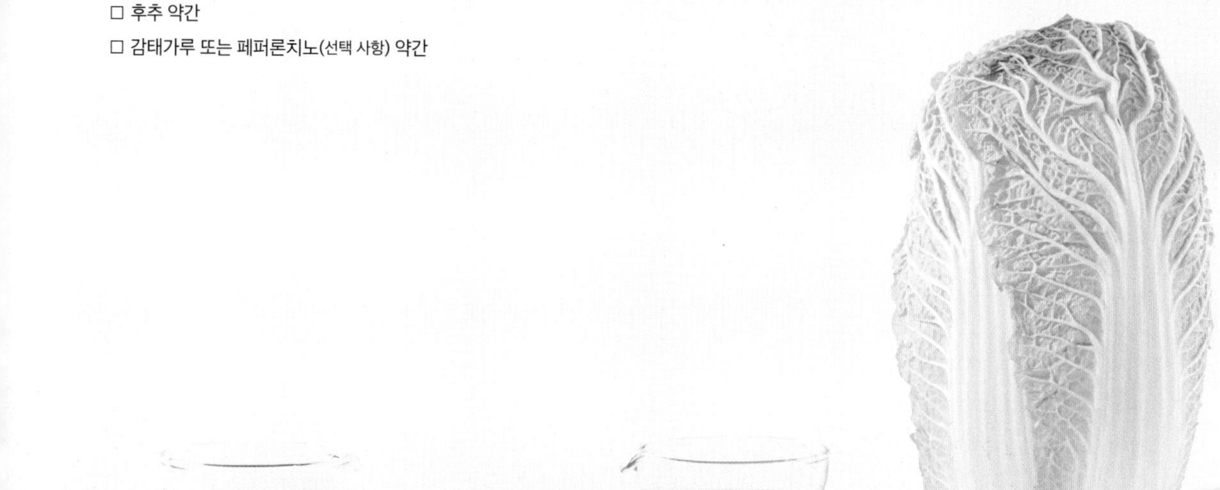

To cook

1. 알배추는 꼭지를 자른 뒤 가로로 한 번 자르고 줄기 부분과 잎 부분을 나눠 둔다.

   tip. 알배추의 줄기와 잎이 익는 속도가 다르므로 나눠 준비한다.

2. 마늘은 편으로 썬다.
3. 작은 볼에 전분가루와 물 3큰술을 넣고 잘 섞어 전분물을 만든다.
4. 달군 팬에 올리브유를 두르고 배추의 줄기 부분과 마늘을 넣은 뒤 중간 불에서 2~3분간 볶는다. 소금과 후추로 간한다.
5. 배추의 잎 부분을 마저 넣어 살짝 볶다가 발사믹 글레이즈를 넣고 골고루 섞는다.

   tip. 이때 부족한 간은 소금과 발사믹 글레이즈로 맞춘다.

6. 전분물을 끼얹어 골고루 섞는다.
7. 접시에 옮겨 담고 후추를 뿌려 마무리한다. 취향에 따라 감태가루나 페퍼론치노로 가니시해도 좋다.

구운 미니양배추와 된장와사비 소스
Roasted Brussels Sprouts with Sauce

Ingredient 1~2인분

- □ 미니양배추 15개
- □ 마늘 6쪽
- □ 올리브유 또는 포도씨유 3~4큰술
- □ 소금 약간
- □ 후추 약간

- □ 된장와사비 소스
  - 된장 1큰술
  - 생와사비 1큰술
  - 매실액 1큰술
  - 물 1큰술

미니양배추는 모양새가 귀여워 플레이팅할 때 훨씬 먹음직스러워 보이는 장점이 있지요. 일반 양배추보다 식감도 단단하고 단맛이 강합니다. 소금, 후추, 기름에 볶기만 해도 맛있지만, 된장과 와사비의 쨍한 감칠맛을 더해 매력을 증폭시켰습니다. 맛을 고루 어우러지게 하는 매실액은 꼭 넣어 주세요.

tbsp
oz

1 2

3

4.

To cook

1. 작은 볼에 소스 재료를 담고 잘 섞어 된장와사비 소스를 만든다.

2. 미니양배추는 겉껍질을 벗긴 뒤 절반으로 자른다. 마늘은 편 썬다.

3. 달군 팬에 올리브유를 넉넉히 두르고 미니양배추, 마늘 순으로 넣어 바삭하게 볶는다. 이때 소금과 후추로 간한다.

   tip. 익는 속도가 달라서 위 순서로 넣어야 한다.

4. 된장와사비 소스를 붓고 손목을 사용해 팬을 가볍게 돌리며 소스가 잘 배도록 섞은 뒤 접시에 옮겨 담는다.

   tip. 된장의 짠맛이 브랜드별로 차이가 있어 소스를 처음부터 다 붓지 말고 간을 보면서 조절해 쓰도록 한다. 이때 너무 오래 볶으면 재료가 쉽게 타 버릴 수 있어 주의한다. 소스를 넣고 바로 불을 끈 뒤 잔열로 섞어도 좋다.

EGGPLANT

5

구운 가지 샐러드
Savory Eggplant

가지 살사
Eggplant with Salsa Sauce

가지 딥
Spicy Eggplant Deep

가지 두부 조림
Eggplant Tofu Boiled in Sauce

어떤 음식은 성인이 된 이후로도 마치 처음 미지의 세계를 맛본 것처럼 새로이 좋아하게 된다. 눈을 휘둥그레 뜬 채 '이런 맛이 난다고?' 하면서 내가 어른이 되었음을 실감하는 것이다.

어렸을 때는 가지를 정말이지 싫어했다. 보라색 물이 빠지다 만 것 같은 여기저기 푸르딩딩한 색의 가지나물은 그 색깔부터 물컹한 식감까지 어느 것 하나 마음에 드는 구석이 없었다. 하지만 얄궂게도 우리집 식탁 위에 자주 등장하는 메뉴였다.
어른이 되고 가지에 대한 격렬한 불호는 다소 희석된 모양이다. 그도 그럴 것이 식당에서 가끔 맛있는 가지나물을 접할 때면 나도 모르게 유레카를 외치기 때문. 그럴 때마다 기억이 살짝 조작된 반쪽짜리 향수를 느끼는 것 같다.

여름에서 가을이 제철인 가지. 이 계절을 놓치면 값은 두 배로 오르고, 사이즈는 절반 가까이 줄어들어 있다. 여름이 되면 잊지 않고 장바구니에 담아 두는 것이 좋겠다. 외국과 달리 한국의 가지는 종류가 크게 다양하지는 않아서, 나 역시도 제철이 되면 의무적으로라도 사 놓고 분주하게 볶아 먹고 튀겨 먹곤 하는 것이다. 적어도 추워지기 전에는 반드시 가지로 맛봐야 할 별미들을 이제부터 소개하고자 한다.

가지를 고를 땐 표면에 빛이 맺힐 만큼 광택이 나고 매끈한지 살펴보자. 꼭지가 꼿꼿하게 뻗어 있고, 주름 없이 통통한 가지를 고른다. 혹여나 보관 시일이 오래되어 주름이 생긴 가지를 냉장고에서 발견했을 땐 반으로 잘라 보고 씨가 변색되었는지 확인 후에 조리하도록 한다.

구운 가지 샐러드
Savory Eggplant

Ingredient (2인분)

- □ 가지 3개
- □ 적양파 또는 양파 150g
- □ 솔부추 50g(일반 부추나 쪽파로 대체 가능)
- □ 배 ¼개(생략 가능)
- □ 포도씨유 50ml
- □ 부침가루 3큰술
- □ 검은깨 ½큰술(참깨로 대체 가능)

- □ 소스
  - 참기름 2큰술
  - 식초 3큰술
  - 진간장 2큰술
  - 매실액 2큰술

튀기듯 잘 구운 가지의 식감은 그야말로 겉은 바삭하고 속은 바나나처럼 촉촉해서 겉바속촉의 진수를 느낄 수 있어요.
갓 지은 밥 위에 듬뿍 올리면 줄서서 먹는 텐동 맛집이 부럽지 않은 가지 덮밥이 됩니다.

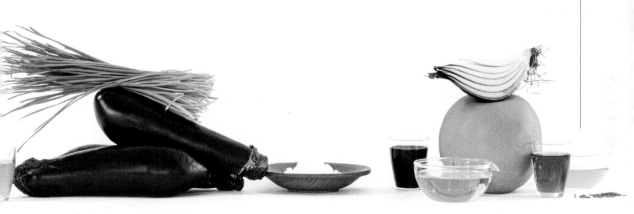

2• 4••

6•

7 9

To cook

1. 솔부추는 길이 5cm 정도로 자른다. 배와 양파는 얇게 채 썬다.
2. 가지는 꼭지를 제거하고 큼직하게 자른다.

   tip. 구우면 부피가 작아져서 크게 썰어야 좋다.

3. 볼에 소스 재료를 담고 잘 섞어 소스를 만든다.
4. 비닐봉지에 가지와 부침가루 1큰술을 넣고 끝을 묶은 뒤 잘 흔들어 가지에 부침가루를 골고루 입힌다.
5. 볼에 부침가루 2큰술과 물 200ml를 뭉침 없이 잘 섞어 반죽을 만든다.
6. 달군 팬에 포도씨유를 넉넉하게 두르고 봉지에서 꺼낸 가지를 반죽 볼에 가볍게 담갔다 빼서 올린다.

   tip. 가지는 수분이 많고, 팬에 바로 올리면 기름을 다 흡수해 버리기 때문에 겉에 부침가루와 반죽을 살짝 입혀 주는 것이 포인트.

7. 가지의 단면이 바삭하게 잘 익을 때까지 중약불에서 앞뒤로 잘 뒤집어 가며 굽는다.
8. 접시에 옮겨 담고 소스 절반을 가지 위에 듬뿍 뿌린다.
9. 남은 소스에 양파와 솔부추를 넣고 골고루 섞어 가지 위에 올리고 배를 얹는다. 검은깨를 뿌려 마무리한다.

가지 살사
Eggplant with Salsa Sauce

Ingredient (2인분)

- □ 가지 2개
- □ 파프리카 ½개
- □ 적양파 200g
- □ 방울토마토 10개
- □ 마늘 2쪽
- □ 딜 10g
- □ 레몬 1개 분량의 즙과 제스트
- □ 올리브유 적당량
- □ 소금 약간
- □ 후추 약간

살사 소스

- □ 레몬 1개
- □ 다진 딜 10g
- □ 다진 마늘 1작은술
- □ 화이트와인 비네거 2큰술
- □ 소금 ½작은술
- □ 후추 약간

딜의 향과 아삭한 채소, 레몬이 주를 이루는 상큼한 살사소스를 속까지 촉촉하게 익힌 가지 위에 듬뿍 올려 먹는 샐러드입니다.
살사 소스는 바삭하게 구운 토스트에 올려 먹거나, 한여름에는 파인애플을 다져 넣고 엔젤헤어 파스타와 섞어 콜드 파스타로도 즐겨 보세요.

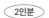

2 3

4 6

To cook

1. 작은 볼에 레몬을 제외한 살사 소스 재료를 모두 담은 뒤 레몬 껍질을 그레이터로 갈아 뿌리고 즙을 짜서 잘 섞어 살사 소스를 만든다.
2. 가지는 꼭지를 그대로 둔 채 필러로 껍질을 벗긴 뒤 세로로 길게 자른다.
3. 적양파와 파프리카, 방울토마토는 비슷한 크기로 잘게 썬다.
4. 볼에 잘게 썬 재료들을 모두 담은 뒤 살사 소스를 넣고 골고루 섞어 잠시 냉장 보관한다.
5. 달군 팬에 가지의 자른 단면이 아래로 가도록 올리고 올리브유를 살짝 두른 뒤 뚜껑을 덮어 약 2~3분간 약한 불에서 익힌다.
6. 뚜껑을 열어 올리브유를 전체에 한 번 두르고 뒤집어 양쪽 면을 골고루 익힌다. 이때 소금과 후추로 간한다.
7. 접시에 익힌 가지를 옮겨 담고 차갑게 한 살사 소스를 듬뿍 올린다.

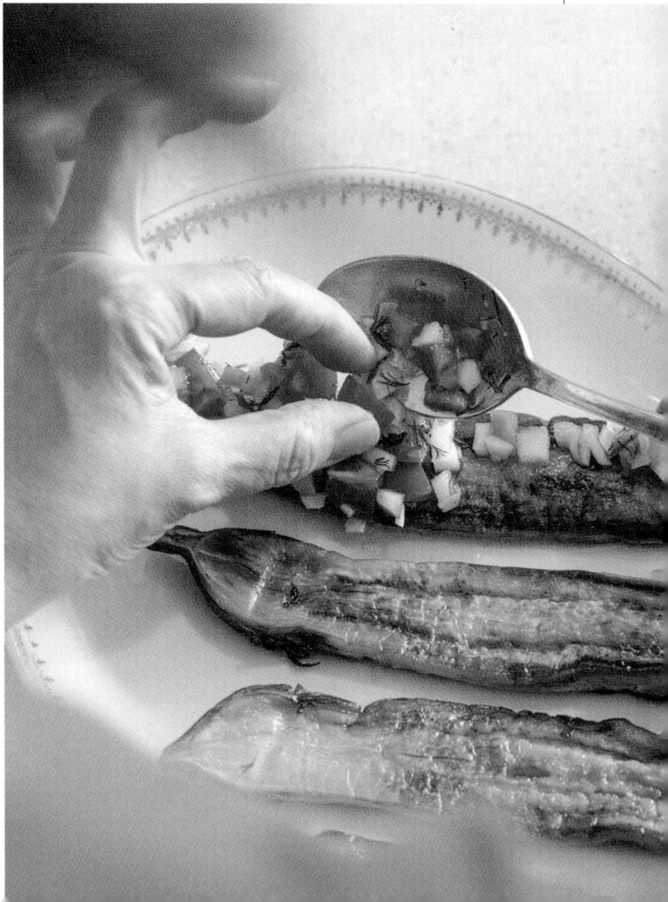

가지 딥
Spicy Eggplant Deep

쉽게 말하면 '가지 고추 쌈장'이라 할 수 있는 이 레시피로 제철 채소와 과일을 좀 더 색다르게 즐길 수 있어요.
식단을 조절하고 있다면 특히 도움이 될 것 같아요. 생채소를 가지 딥에 듬뿍 찍어 먹으면 물릴 틈 없이 계속 들어가거든요.
입안에서 감칠맛이 폭죽처럼 터집니다.

Ingredient 2인분

- ☐ 가지 4개
- ☐ 꽈리고추 90g (풋고추 또는 오이고추로 대체 가능)
- ☐ 마늘 2쪽
- ☐ 민트 잎 또는 고수 15g
- ☐ 레몬 1개 분량의 즙
- ☐ 연두 4큰술
- ☐ 설탕 1큰술
- ☐ 곁들임 채소와 과일

사과, 참외, 양배추, 알배추, 상추, 오이, 당근, 파프리카 등 취향에 맞는 채소나 아삭한 과일을 한입 크기로 잘라 준비한다.

ml
1000
MAX
750

1 2

3

5

To cook

1. 가지는 필러로 껍질을 제거한 뒤 한입 크기로 썬다. 꽈리고추는 씨와 꼭지를 제거한다.
2. 찜기용 채반 위에 가지와 꽈리고추를 올리고 냄비에 물을 넉넉히 채운 뒤 뚜껑을 덮어 약 30분간 찐다.
3. 블렌더에 찐 가지와 꽈리고추를 넣고 마늘, 레몬즙, 민트 잎 또는 고수, 연두, 설탕을 넣어 곱게 간다.
4. 맛을 보고 부족한 간은 설탕과 연두로 더한다.
5. 용기에 담아 약 1시간 동안 냉장 보관해 차게 한 뒤 먹기 좋게 자른 곁들임 채소, 과일과 함께 낸다.

가지 두부 조림
Eggplant Tofu Boiled in Sauce

Ingredient (2~3인분)

- □ 부침용 두부 1모
- □ 가지 3개
- □ 대파 1대
- □ 양파 200g
- □ 청양고추 또는 홍고추 1개(고추기름으로 대체 가능)
- □ 포도씨유 30ml
- □ 소금 1작은술

□ 양념장
- 다진 마늘 ½큰술
- 다진 생강 ½큰술
- 된장 1½큰술
- 고추기름 3큰술
- 참기름 2큰술
- 진간장 1큰술
- 맛술 2큰술
- 매실액 2큰술
- 물 150ml
- 설탕 1큰술

매일 먹고 싶은 집반찬이라 하면 저는 바로 가지 두부 조림이 생각납니다.
양념장으로 가지와 두부의 조화로운 밸런스를 잡아 주어 덮밥이나 밥반찬으로도 언제든 부담 없이 해 먹을 수 있는 요리가 됩니다.

2 3 5

6· 7

8· 11

To cook

1. 가지는 꼭지를 제거하고 세로로 반 자른 뒤 큼직하게 썰어 큰 볼에 담는다.
2. 가지 위에 소금을 뿌려 10분간 두었다가 키친타월로 살짝 눌러 물기를 뺀다.
3. 부침용 두부는 키친타월로 감싼 뒤 무거운 접시를 올려 5분간 물기를 빼고 큼직하게 썬다.
4. 양파는 얇게 슬라이스하고 대파는 어슷 썬다.
5. 볼에 양념장 재료를 모두 담고 잘 섞어 양념장을 만든다.
6. 달군 팬에 포도씨유를 두른 뒤 두부와 가지를 올려 노릇하게 굽는다.
7. 냄비에 양파와 구운 가지, 두부를 순서대로 올린다.
8. 두부 위에 대파를 올린 뒤 양념장을 골고루 붓는다.
9. 뚜껑을 덮고 중간 불에서 시작해 서서히 약한 불로 줄여 양념이 골고루 배도록 약 15분간 익힌다.
10. 뚜껑을 열어 맛을 보고 간이 모자라면 이때 간장으로 간한다.
11. 접시에 옮겨 담고 채 썬 고추나 고추기름을 둘러 마무리한다.

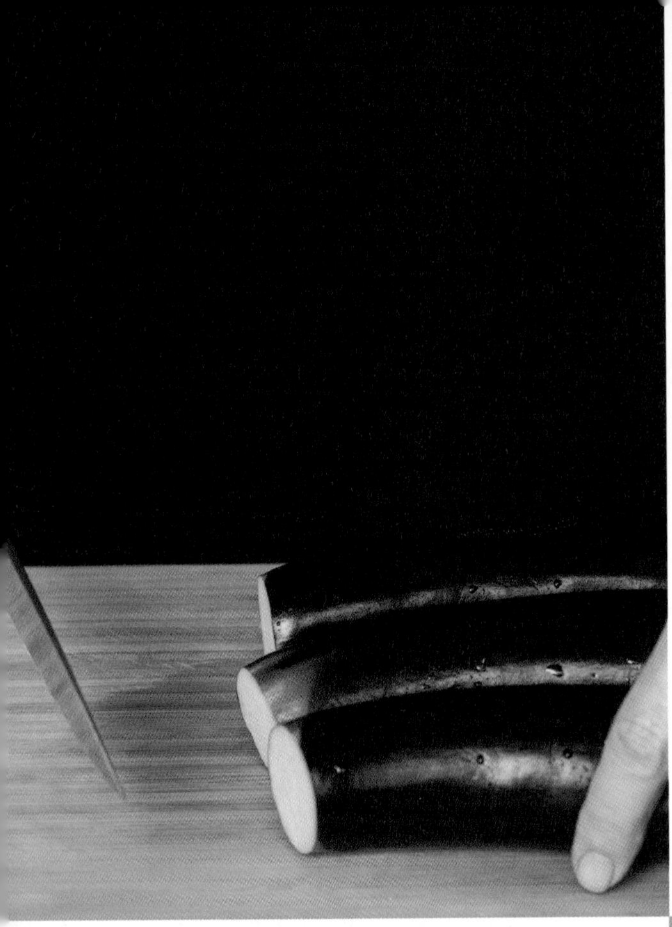

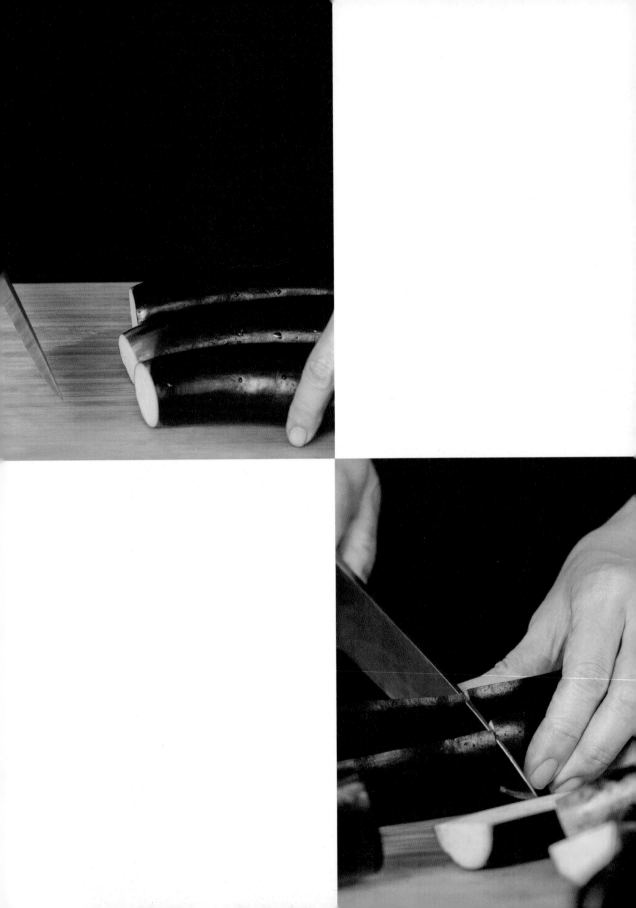

MUSHROOM

6

표고버섯 현미팝 수프
Shiitake Brown Rice Pop Soup

구운 양송이버섯 캐슈너트 샐러드
Roasted Button Mushroom Cashew nut Salad

느타리버섯 유린기
Oyster Mushroom Yuringi

버섯 라구 폴렌타
Mushroom Ragout Polenta

버섯은 종류 자체가 워낙 다양해서, 이를 활용한 대표 메뉴 네 가지를 고르는 일은 여간 힘든 작업이 아니었다.

그럼에도 버섯이 가진 고유의 향과 식감을 즐길 줄 알고, 버섯을 좋아하는 이들에게 기존에 잘 보지 못했던 새롭고 맛있는 조리법의 버섯 요리를 소개한다는 즐거움이 컸다.
마트에서 사계절 내내 쉽게 구할 수 있는 느타리버섯, 표고버섯, 만가닥버섯, 양송이버섯, 새송이버섯 위주로 레시피를 구성해 연중 언제든 요리할 수 있는 장점이 있다. 되도록 다양한 버섯을 응용해서 써 보기를 권한다.

버섯을 세척할 때에는 키친타월로 톡톡 가볍게 닦아 내는 정도로 하고, 물로 씻을 경우엔 씻은 뒤 물기를 최대한 말려야 조리 시 각각의 버섯이 가진 특별한 맛과 식감을 잘 살릴 수 있다.

표고버섯 현미팝 수프
Shiitake Brown Rice Pop Soup

고급스러운 풍미가 일품인 버섯 수프입니다.
입맛이 없거나 컨디션이 안 좋을 때 자주 해 먹고 있습니다.
말린 표고버섯은 향이 진하기 때문에 풍미를 위한 치즈와 우유는 생략해요.
구운 현미는 현미를 직접 넣은 것보다 적당히 가벼운 포만감을 준답니다.

Ingredient (2~3인분)

- ☐ 생표고버섯 200g
- ☐ 말린 표고버섯 60g
- ☐ 양파 150g
- ☐ 마늘 1쪽
- ☐ 볶은 현미 50g
- ☐ 잣 30g과 여분 약간
- ☐ 올리브유 4큰술
- ☐ 표고버섯 우린 물 800ml
- ☐ 소금 약간
- ☐ 후추 약간

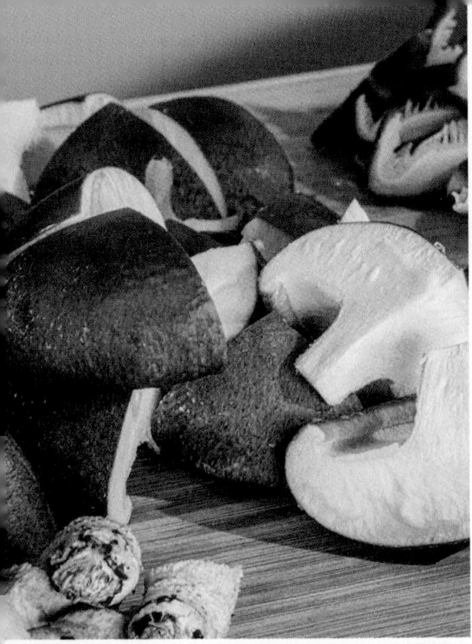

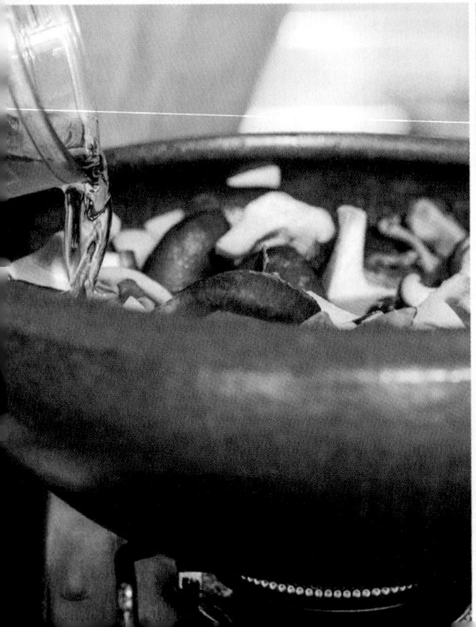

2• 4

5 6

7• 9

To cook

1. 말린 표고버섯을 물에 담가 1시간 이상 두어 불린다.

   tip. 말린 표고버섯이 없다면 이 과정은 생략 후 생표고버섯의 양을 동일하게 맞춰 쓰고 버섯 우린 물을 대신해 채수 또는 물로 쓴다.

2. 불린 표고버섯은 꼭 짜서 물기를 뺀 뒤 슬라이스한다. 버섯 우린 물은 따로 둔다. 생표고버섯은 한입 크기로 썬다.
3. 양파는 큼직하게 썰고 마늘은 편 썬다.
4. 팬에 잣을 넣고 기름 없이 약한 불에서 가볍게 굽는다.
5. 냄비에 올리브유 2큰술을 두른 뒤 양파와 마늘을 넣고 잘 섞어 양파가 투명해질 때까지 볶는다.
6. 생표고버섯과 불린 표고버섯을 함께 넣어 볶고 소금과 후추로 간한다.
7. 버섯 우린 물을 붓고 뚜껑을 덮은 뒤 중약불에서 15분간 뭉근하게 끓인다.
8. 뚜껑을 열고 약한 불로 줄인 뒤 잣을 넣어 골고루 섞는다.
9. 구운 표고버섯 약간만 남기고 나머지 모두를 블렌더에 옮겨 담은 뒤 볶은 현미를 넣어 함께 간다. 너무 되직하다면 버섯 우린 물을 추가해 농도를 조절한다.

   tip. 이때 버섯과 현미의 식감을 느낄 수 있게 완전히 곱게 갈지 않아도 좋다.

10. 냄비에 다시 옮겨 담고 살짝 데워 수프 볼에 담는다. 이때 너무 되직하면 버섯 우린 물을 추가한다.
11. 달군 팬에 올리브유 2큰술을 두른 뒤 물기를 짜둔 불린 표고버섯을 올리고 소금과 후추로 간하여 살짝 굽는다.
12. 수프 위에 구운 표고버섯을 올리고 여분의 잣을 올려 마무리한다.

구운 양송이버섯 캐슈너트 샐러드
Roasted Button Mushroom Cashew nut Salad

Ingredient 2인분

□ 삶은 감자 150g
□ 양송이버섯 200g
□ 마늘 4쪽
□ 캐슈너트 70~80g(아몬드로 대체 가능)
□ 파슬리 10g과 여분 약간
□ 레몬 ½개
□ 올리브유 4큰술과 여분 약간
□ 소금 약간
□ 후추 약간

□ 소스
- 레몬 ½개 분량의 즙과 제스트
- 메이플 시럽 또는 올리고당 2큰술
- 발사믹 비네거 4큰술
- 소금 ½작은술

제대로 볶아 낸 버섯과 포슬포슬하게 익은 감자, 그리고 팬 토스팅으로 향을 되살린 캐슈너트까지!
고소한 것들이 여기에 다 모였습니다.

1 4 5

6•

7

To cook

1. 양송이버섯은 키친타월로 표면의 먼지를 세수시키듯 닦은 뒤 기둥을 그대로 두고 반으로 자른다.
2. 삶은 감자는 크게 깍둑 썰고 파슬리는 잘게 다진다. 마늘은 얇게 편 썬다.
3. 작은 볼에 소스 재료를 전부 담고 잘 섞어 소스를 만든다.
4. 달군 팬에 올리브유를 두르고 마늘과 양송이버섯을 넣어 중간 불에서 잘 섞으며 볶다가 소금과 후추로 간한다.

   tip. 버섯을 볶을 때 나오는 수분을 중간 불로 날려가며 볶는 것이 포인트.

5. 수분을 충분히 날렸다면 캐슈너트와 삶은 감자, 다진 파슬리를 넣고 잘 섞으며 볶는다.
6. 소스를 붓고 골고루 섞이도록 팬을 돌려 가며 볶는다.
7. 접시에 옮겨 담고 레몬 껍질을 그레이터로 갈아 뿌린 뒤 즙을 짜서 넣고 여분의 파슬리와 후추, 올리브유를 뿌려 마무리한다.

느타리버섯 유린기
Oyster Mushroom Yuringi

Ingredient 2~3인분

- ☐ 느타리버섯 400~500g
- ☐ 양상추 150~200g
- ☐ 파프리카 100g
- ☐ 양파 150g
- ☐ 올리브유 30ml
- ☐ 소금 약간
- ☐ 후추 약간

☐ 소스
- 식초 3큰술
- 진간장 3큰술
- 설탕 2큰술
- 물 1큰술

버섯의 수분을 날리는 데 시간과 공이 꽤 드는 팬과 오븐의 단점을 보완해 주는 에어프라이어를 활용한 레시피입니다.
소스를 끼얹어도 여전히 아삭한 양상추와 바삭하게 구운 느타리버섯의 식감, 유린기 소스의 상큼함이 조화로워요.

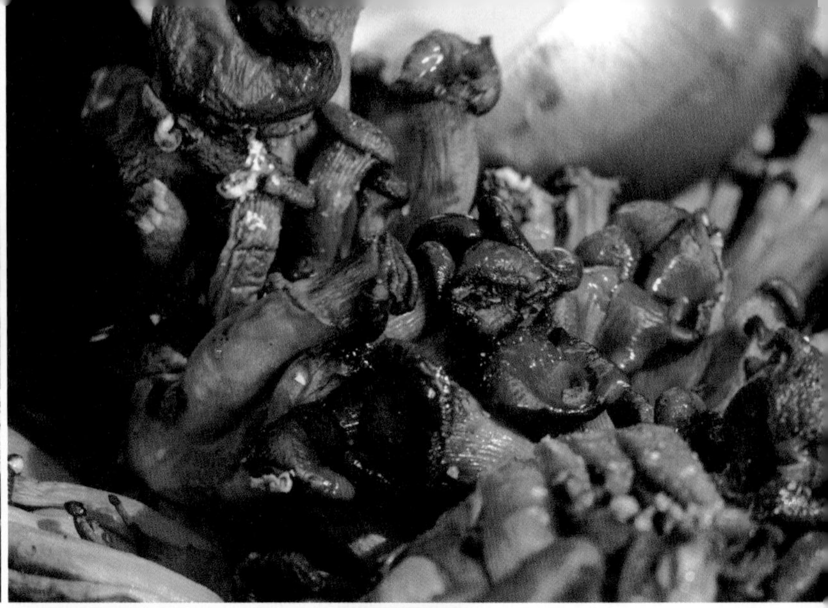

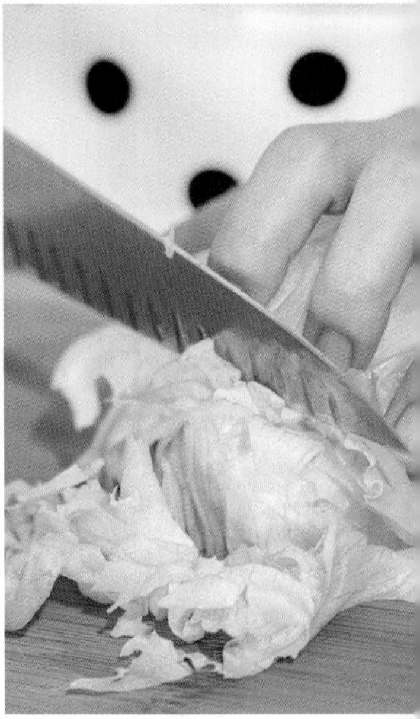

2 •

3 • 4

5 6

To cook

1. 느타리버섯은 밑동을 잘라 길이를 맞춘다. 파프리카와 양파는 잘게 다진다.

   tip. 밑동을 너무 위쪽으로 자르면 느타리버섯이 낱개로 흩어지므로 접시에 담았을 때 세워지도록 밑동을 약간 남긴다.

2. 밑동을 자른 느타리버섯을 통째로 에어프라이어에 넣고 소금과 후추, 올리브유를 뿌린 뒤 180도에서 약 15분간 바삭하게 익힌다.
3. 볼에 소스 재료, 다진 파프리카와 양파를 담고 잘 섞어 유린기 소스를 만든다.
4. 양상추를 잘게 썬다.
5. 접시 가장자리에 잘게 썬 양상추를 풍성하게 둘러 쌓고 중앙에 구운 느타리버섯을 세워 올린다.
6. 유린기 소스를 느타리버섯과 양상추 위에 골고루 올려 마무리한다.

버섯 라구 폴렌타
Mushroom Ragout Polenta

Ingredient

2~3인분

버섯 라구

- □ 표고버섯, 새송이버섯, 양송이버섯 등 좋아하는 버섯 400g
- □ 양파 100g
- □ 셀러리 1대(생략 가능)
- □ 마늘 2쪽
- □ 홀 토마토 150g
- □ 케이퍼 15g
- □ 페퍼론치노 2개
- □ 이탈리안 파슬리 10g과 여분 약간
- □ 로즈메리 3g(드라이 허브로 대체 가능)
- □ 올리브유 적당량
- □ 소금 약간
- □ 후추 약간

폴렌타

- □ 폴렌타 가루 100g
- □ 버섯 우린 물 700~800ml(채수로 대체 가능)
- □ 다진 로즈메리 2g
- □ 올리브유 4~5큰술
- □ 소금 약간
- □ 후추 약간

쫄깃한 식감을 살려 볶은 버섯으로 만든 버섯 라구는 파스타뿐만 아니라 토스트, 심지어 밥과도 잘 어울립니다.
폴렌타는 버터나 생크림, 치즈 등으로 풍미를 더할 수 있으니 입맛에 맞게 만들어 보세요.

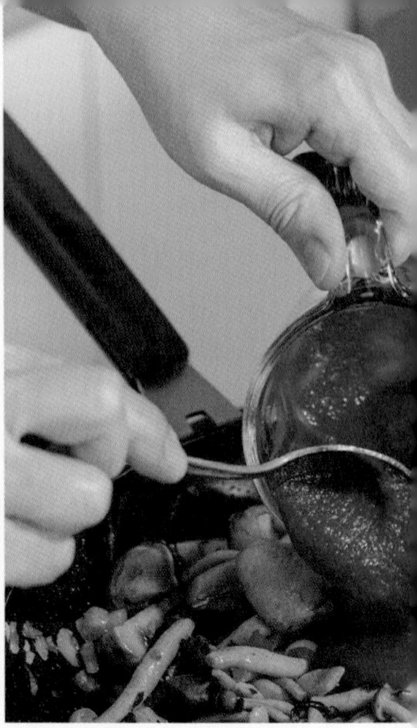

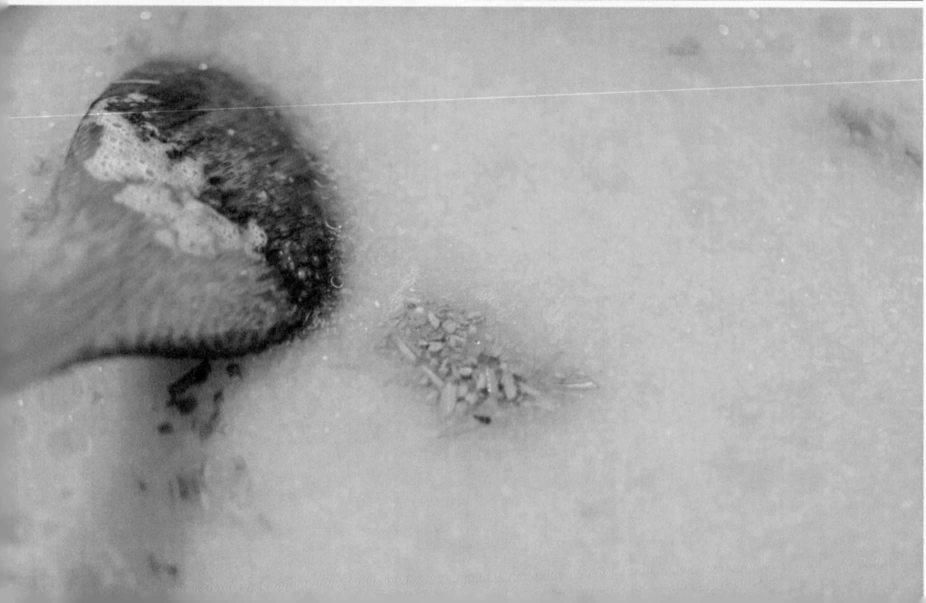

3) 4)•

5) 1 2

3 4

To cook

버섯 라구 만들기

1) 버섯은 키친타월로 표면의 먼지를 세수시키듯 닦은 뒤 한입 크기로 자른다.

2) 마늘은 얇게 편 썰고, 셀러리와 양파는 잘게 다진다.

3) 달군 팬에 올리브유를 넉넉히 두른 뒤 양파와 셀러리, 마늘을 넣어 볶다가 시간차를 두어 버섯을 넣고 잘 섞으며 볶는다.

tip. 이때 재료가 추가될 때마다 올리브유를 추가하고, 소금과 후추로 간한다.

4) 다진 파슬리와 홀 토마토, 케이퍼를 넣고 골고루 섞은 뒤 약한 불에서 10분간 뭉근하게 끓인다.

5) 맛을 보고 부족한 간은 소금과 후추로 더한다.

폴렌타 만들기

1. 냄비에 버섯 우린 물과 다진 로즈메리, 올리브유 3큰술, 소금 $\frac{1}{3}$작은술을 넣고 잘 섞으며 끓인다.
2. 끓어오르면 약한 불로 줄인 뒤 폴렌타 가루를 조금씩 여러 번에 나누어 넣고 잘 저으며 약 15분간 익힌다.

   tip. 폴렌타 가루를 한꺼번에 다 넣으면 뭉치므로 나누어 넣는다.

3. 폴렌타 가루가 물을 흡수하면서 걸쭉해지는데, 이때 그냥 두면 뭉치기 쉬우니 수프 정도의 걸쭉함이 되도록 버섯 우린 물과 올리브유를 넣어가며 잘 섞어 농도를 맞춘다.
4. 부드럽게 잘 끓여졌는지 맛을 본 뒤 소금과 후추로 간하고 불을 끈다.
5. 접시에 폴렌타를 담고 그 위에 버섯 라구를 적당히 올린 뒤 다진 이탈리안 파슬리와 여분의 올리브유, 후추를 뿌려 마무리한다.

LEEK

7

대파 수프
Roasted Leek Soup

구운 대파 크레이프
Roasted Leek Crepe

칼솟타다
Calcotada

쪽파 파스타
Chives Pasta

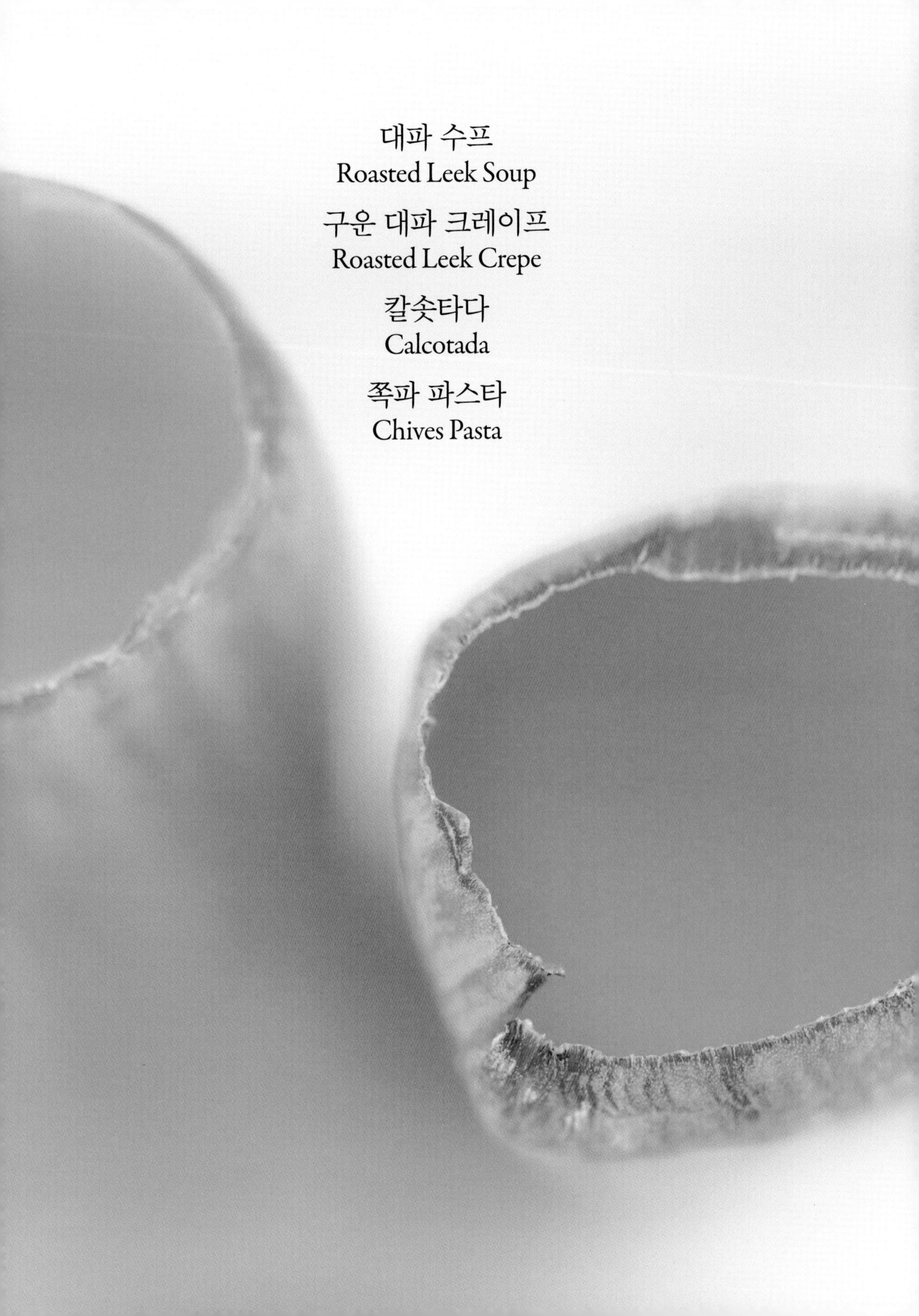

요리를 잘 하지 않는 친구의 냉장고에도 대파나 양파 정도는 있는 것으로 보아 대한민국에서 파가 정말 기본적인 식재료인 것은 이미 모두가 아는 사실이다. 라면 안에도 수프 외에 파 플레이크가 들어가 있고, 분식집 떡볶이에도 숭덩숭덩 들어간 대파가 빠지면 왠지 섭섭하다.

이렇게 다들 기본적으로 사용하는 식재료지만, 메인 요리를 빛내 주는 양념의 역할에 머물러 있는 것이 못내 아쉬웠다.
대파나, 쪽파, 실파 등 생으로 쓸 때는 알싸한 매운맛과 향으로 다른 재료를 받쳐 주고, 익혔을 때 나는 단맛과 풍미는 무엇에 견주어도 당당히 주인공이 되기에 부족함이 없는데 말이다.

파를 구입할 때에는 고르게 쭉쭉 잘 뻗은 것들로 장바구니에 담고, 색은 짐작하듯 선명한 초록색이 좋다.
파 한 단을 살 경우 잘못된 보관으로 인해 금세 누렇게 색이 변하는 경우도 많다. 파는 초록색 부분과 흰색 부분으로 나누어 자르고, 뿌리가 있는 채로 종이에 싸서 밀폐용기에 담아 냉장 보관하거나 용도에 맞게 썰어 지퍼락에 담아 냉동 보관한다.

대파 수프
Roasted Leek Soup

Ingredient (2~3인분)

- ☐ 대파 1단
- ☐ 감자 200g
- ☐ 마늘 2쪽
- ☐ 올리브유 30~40ml와 여분 약간
- ☐ 소금 약간
- ☐ 후추 약간

냉장고에 항상 있는 식재료인 대파와 감자, 마늘로
근사한 수프가 뚝딱 만들어지는 마법!
만드는 방법은 참 간단하지만 맛은 결코 가볍지 않아요.
대파의 은은한 풍미와 감자의 포만감이 속을 부드럽게
달래 줍니다.

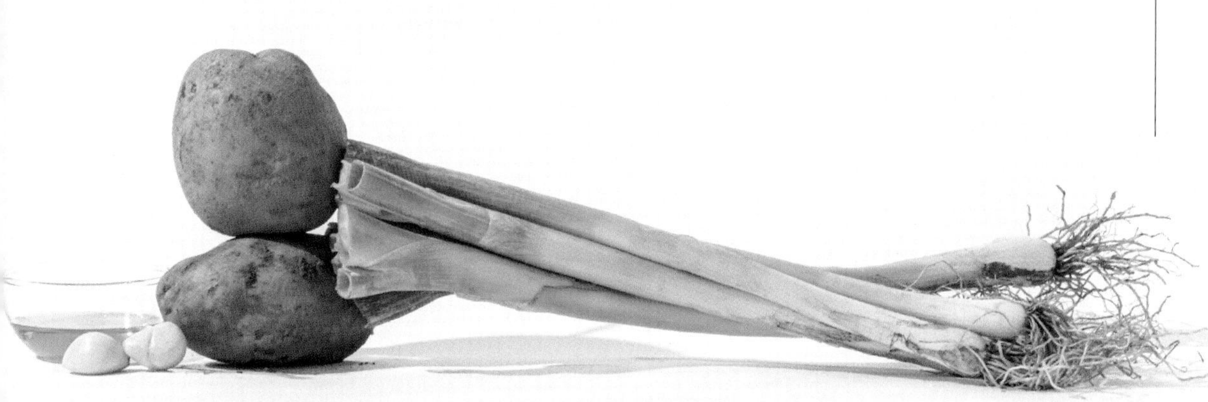

1 2

3 5

To cook

1. 대파는 흰 부분 위주로 3cm 정도 길이로 자르고 감자와 마늘도 볶기 좋게 잘게 썬다.
2. 웍에 올리브유를 넉넉히 두른 후 대파와 마늘을 넣고 소금과 후추로 간하여 잘 섞으며 약 10분간 중간 불에서 볶아 충분히 향을 낸다.
3. 대파가 충분히 익으면 감자를 넣고 재료가 완전히 잠길 만큼 물을 부은 뒤 뚜껑을 덮고 감자가 익을 때까지 약 15분간 끓인다.
4. 구운 대파 약간을 가니시용으로 따로 두고 나머지 모두를 블렌더에 넣어 곱게 간다.
5. 수프 볼에 옮겨 담고 가니시용 대파를 올리고 올리브유, 후추를 뿌려 마무리한다.

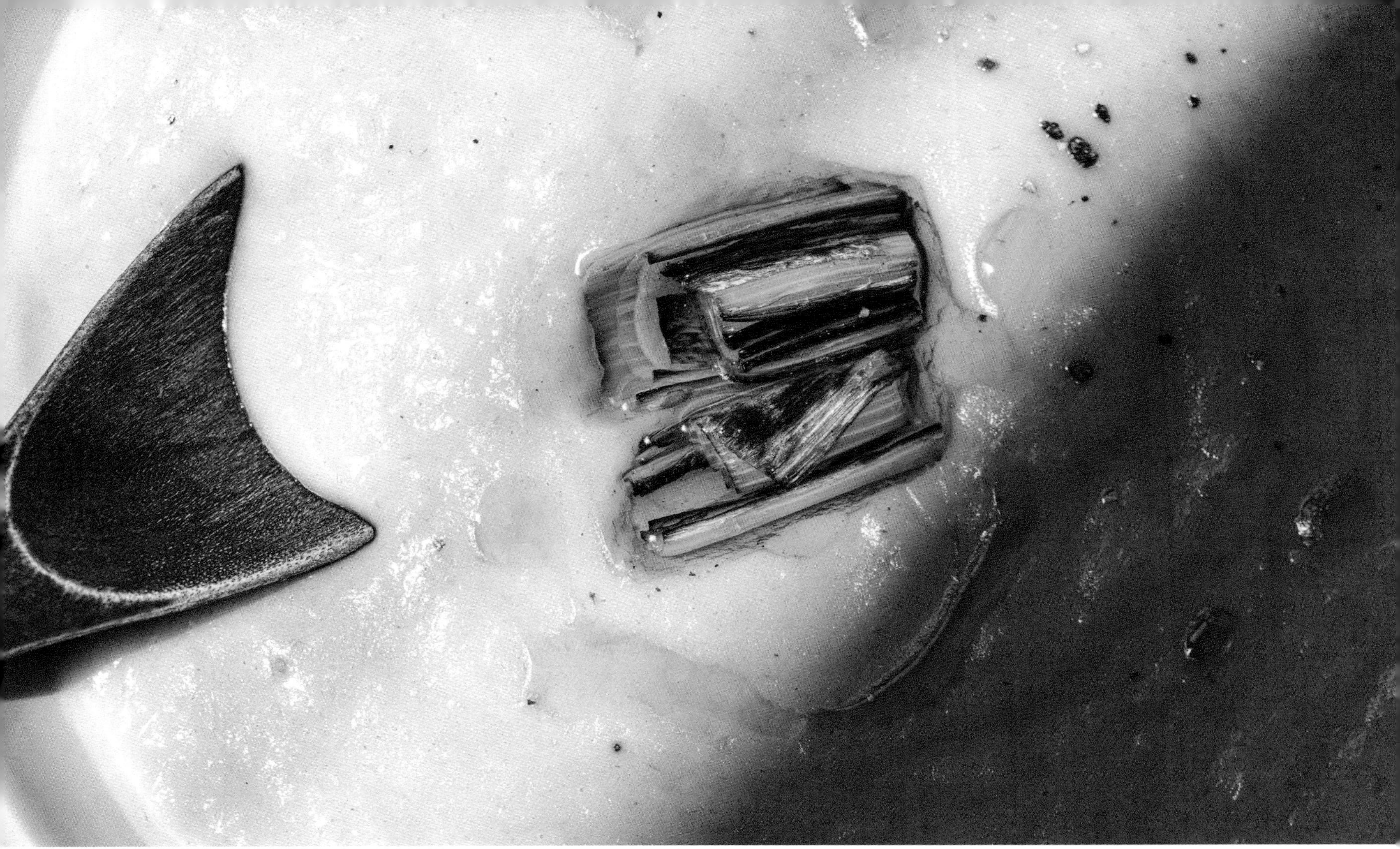

구운 대파 크레이프
Roasted Leek Crepe

이제 밀전병을 집에서도 손쉽게 만들어 먹어 봅시다. 감칠맛이 작렬하는 대파 기름에서 한 번, 얇은 크레이프 식감에서 또 한 번, 마지막으로 담백한 메밀 맛이 자꾸 집어 먹게 만드는 매력이 있습니다.

Ingredient 2인분

- □ 대파 1단
- □ 페퍼론치노 2~3개
- □ 올리브유 50~60ml
- □ 메밀가루 200~300g
- □ 소금 약간
- □ 후추 약간

- □ 소스
  - 메이플 시럽 50ml
  - 화이트와인 비네거 50ml

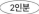

2 3•

4 5•

6 8

To cook

1. 대파는 얇게 슬라이스한다.
2. 달군 팬에 올리브유를 넉넉하게 두르고 대파와 페퍼론치노를 넣어 센 불에서 잘 섞으며 볶아 따로 둔다.

   tip. 기름이 부족하면 잘 익지 않으므로 올리브유를 넉넉히 써서 파기름을 내는 것이 중요하다.

3. 볼에 메밀가루를 담고 물은 200ml 이상 되직하지 않게 농도를 맞춘다.
4. 눌어붙지 않는 코팅 팬에 메밀 반죽을 1국자 올린 뒤 팬을 돌려 가며 반죽을 얇고 고르게 편다.

   tip. 반죽을 얇게 할수록 맛있다. 반죽을 올리자마자 원을 그리며 팬을 돌려 주는 것이 포인트!

5. 중약불에서 뒤집지 않고 그대로 익으면 위에 볶은 대파를 얇게 펼쳐 올린다.

   tip. 반죽이 얇아서 뒤집지 않아도 그대로 익는다.

6. 주걱을 사용해 크레이프를 반으로 접고, 그 상태에서 또 한 번 반으로 접어 부채꼴 모양을 만든다.
   남은 반죽도 같은 방법으로 만든다.
7. 작은 그릇에 소스 재료를 담고 잘 섞어 소스를 만든다.
8. 크레이프를 접시에 옮겨 담고 소스를 듬뿍 끼얹어 마무리한다.

   tip. 메밀의 담백함과 파 향을 온전히 즐기고 싶다면 소스는 생략해도 좋다.

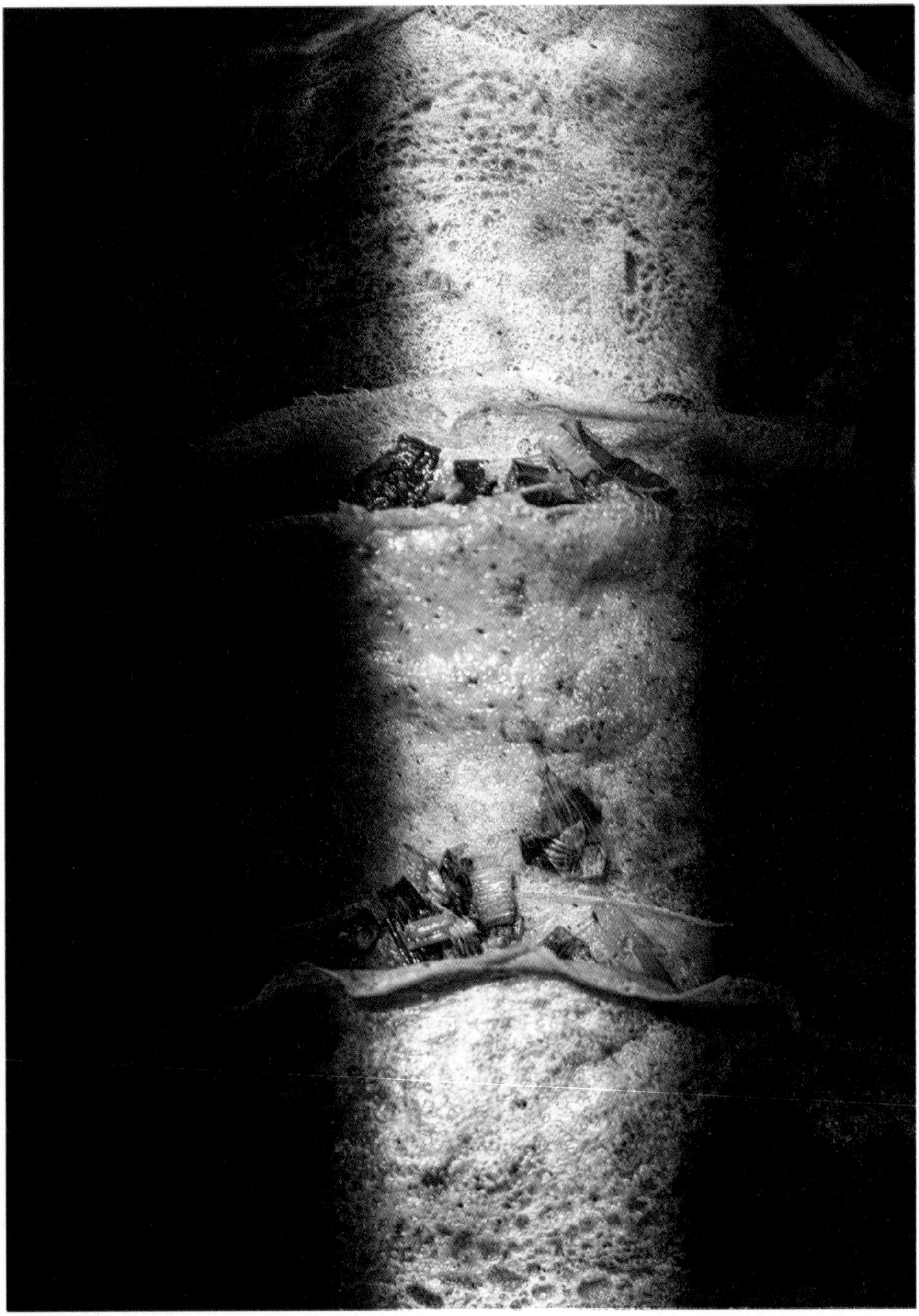

칼숏타다
Calcotada

Ingredient (2인분)

□ 대파 또는 중파 1단
□ 파프리카 칠리 로메스코 소스(282p) 150~200g
□ 올리브유 약간
□ 후추 약간

칼숏타다는 늦가을부터 초봄까지(11월~4월)
스페인 카탈루냐 지역에서 매년 즐기는
제철 메뉴로 알려져 있습니다.
우리네 대파와 비슷한 '칼숏'을 장작불에 바짝
구워 껍질을 벗긴 뒤 로메스코 소스에 찍어 먹는
전채요리 중 하나지요.
부드럽게 익은 대파의 단맛과 파프리카의 껍질을
태워 안을 부드럽게 익힌 뒤, 다양한 재료들과
함께 갈아 낸 로메스코 소스의 감칠맛이 더해져
한 번 맛보면 잊을 수 없어요.
화이트와인이 절로 생각납니다.

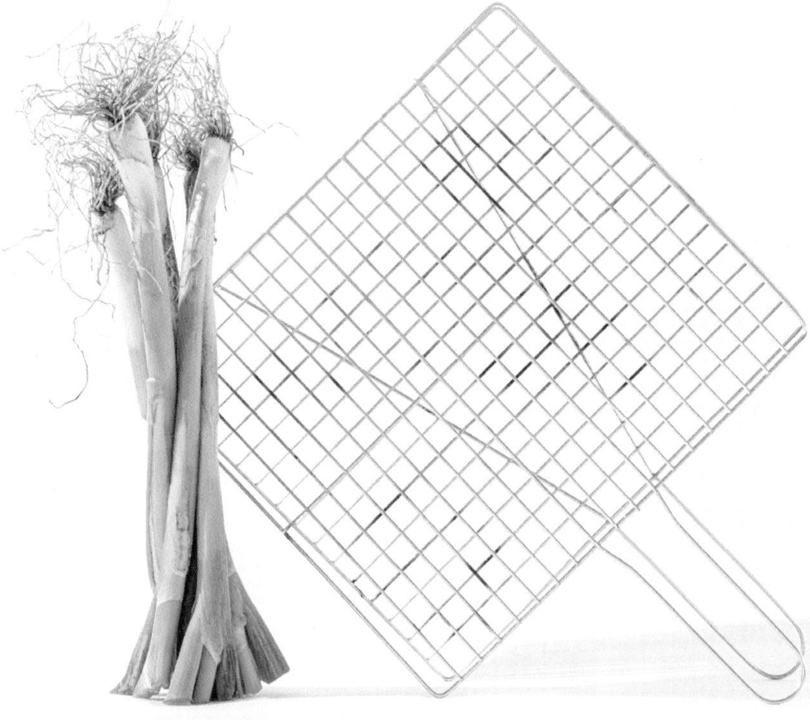

1 2 3

4 · ·

5 · ·

To cook

1. 대파는 뿌리를 그대로 둔 채 초록색 윗부분을 잘라 비슷한 길이로 다듬는다.
2. 가스 불 위에 석쇠를 올리고 대파를 올린 뒤 앞뒤로 돌려 가며 중약불에서 천천히 굽는다.

   tip. 센 불에서 태우면 겉만 타고 속이 익지 않기 때문에 중약불에 두고 자주 뒤집어 가며 오래 태우는 것이 포인트! 가스레인지나 인덕션의 경우도 동일한 방법으로 기름 없이 겉만 태운다.

3. 대파를 하나 들어 올렸을 때 부드럽게 꺾일 때까지 겉을 태우고 불을 끈다.
4. 뿌리를 자르고 검게 태운 표면을 한 겹 벗겨 낸 뒤 물에 가볍게 씻거나 키친타월로 그을린 부분을 깨끗이 닦아 낸다.
5. 접시에 파프리카 칠리 로메스코 소스를 넉넉히 붓고 그 위에 익힌 대파를 올린다. 올리브유와 후추를 뿌려 마무리한다.

쪽파 파스타
Chives Pasta

Ingredient 1인분

- ☐ 스파게티 100g
- ☐ 쪽파 100g
- ☐ 마늘 2쪽
- ☐ 페퍼론치노 3~4개(취향에 따라 조절)
- ☐ 레몬 1개 분량의 제스트
- ☐ 올리브유 5~6큰술과 여분 약간
- ☐ 면수 3~4큰술
- ☐ 진간장 1큰술
- ☐ 면수용 소금 1큰술
- ☐ 소금 약간
- ☐ 후추 1큰술

쪽파를 다지지 않는 이유는 파스타 면과 함께 집히면서 사각사각한 식감을 더해 주기 위함입니다.
입안 가득히 퍼지는 쪽파의 풍미와 2% 부족할 뻔한 간을 채워주는 간장, 그리고 레몬제스트의 상큼함까지 접시 하나로 한껏 즐겨 보세요.

1 4••

5•

6

To cook

1. 쪽파는 뿌리를 잘라 내 껍질을 한 겹 벗기고, 시들한 끝부분을 잘라 길이를 얼추 맞춰 다듬는다. 두꺼운 흰색 부분 끝에는 세로로 살짝 칼집을 낸다.
2. 마늘은 편 썰어 둔다.
3. 소금 1큰술로 간한 끓는 물에 스파게티를 넣어 삶는다. 포장지에 적힌 시간보다 2분 먼저 건져 내 볼에 담고 올리브유 1큰술을 뿌려 골고루 섞어 둔다.

   tip. 이때 면수는 버리지 말고 따로 둔다.

4. 달군 팬에 올리브유를 넉넉히 두른 뒤 약한 불에서 쪽파와 마늘을 넣어 잘 섞으며 익히다 페페론치노를 부숴 넣고 소금과 후추로 간한다.
5. 면수와 간장, 스파게티를 넣고 약한 불에서 약 1분간 소스가 면에 잘 흡수되도록 골고루 섞으며 볶는다.
6. 수분이 적당히 날아가면 여분의 올리브유를 두르고 레몬 껍질을 그레이터로 갈아 뿌려 가볍게 잘 섞은 뒤 접시에 옮겨 담는다.

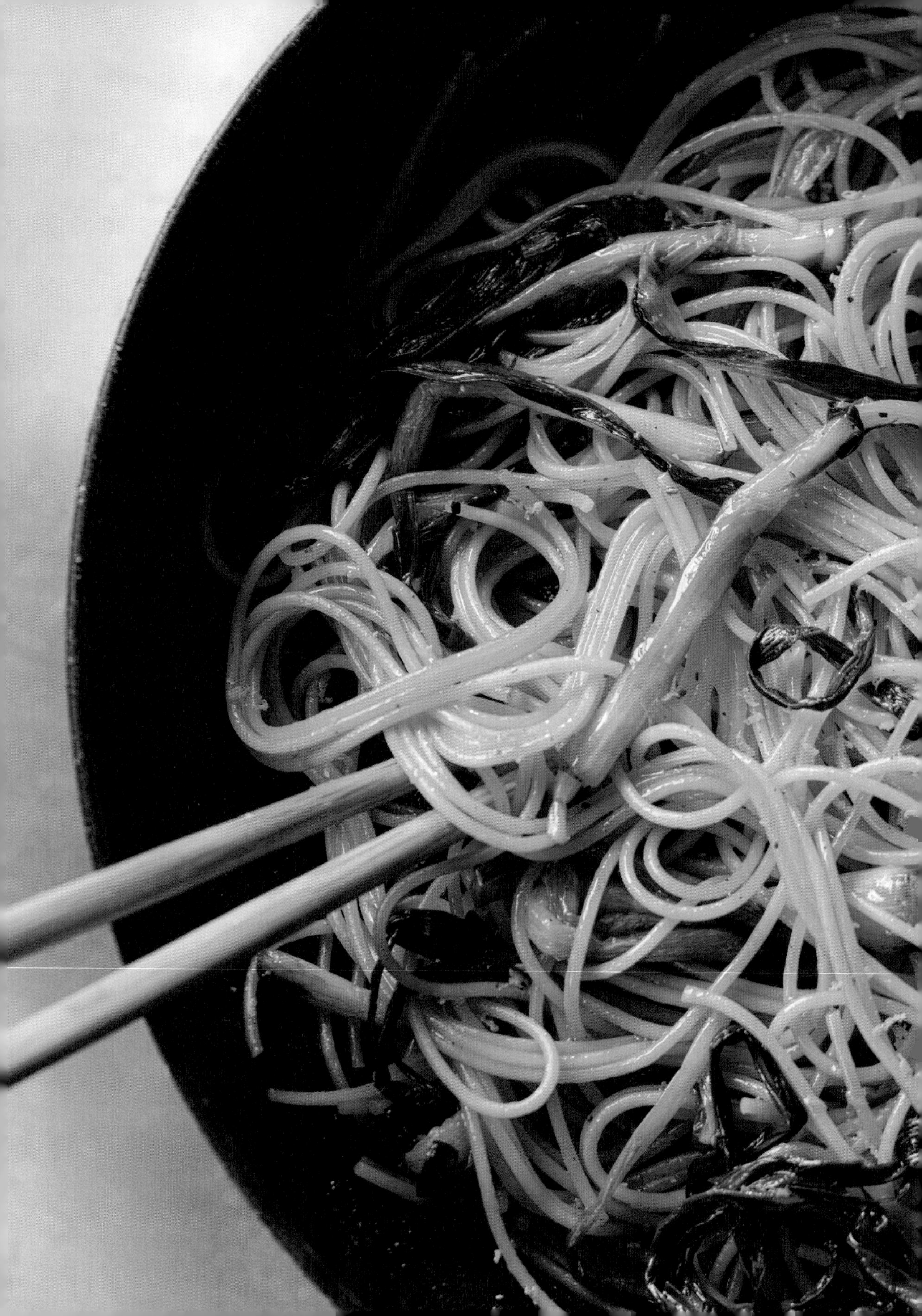

RADISH

8

무 수프
Radish Soup

콜라비 솜땀
Kohlrabi Somtam

무 감태전
Radish Sea Trumpet Pancake

무 솥밥과 부추 들깨 양념장
Hot Pot Radish Rice

나에겐 무 하면 떠오르는 소울푸드가 하나 있다.
맑은 국물의 서울식 뭇국과는 달리 빨갛고 얼큰하게 끓여 내는 경상도식 뭇국. 무에서 나는 시원하고 달콤한 맛이 폭신한 이불을 덮는 것처럼 포근했다. 때때로 못 견디게 그리워질 만큼 머릿속을 떠나지 않는 것이다. 독립한 지 오래되었기에 종종 끓여 먹으며 향수를 달래곤 한다. 이제 요리에서 손을 떼신 엄마의 손맛을 더듬거리며.

각종 조림 반찬에 빠짐없이 들어가 있는 무는 또 어떤가.
칼칼한 양념을 고스란히 머금어 잘 졸여진 무만으로도 밥을 여러 그릇 비울 수 있을 만큼 달콤한 맛이 일품이다.
탕이나 찌개에 들어가는 무 역시 마찬가지로 좋다.

이렇게 맛있는 무를 맛있게 먹는 조리법은 다양하지만,
무 하나를 사면 어떻게 요리를 하든 남기기 마련.
요리 고수들이 대체로 알고 있는 무 레시피 대신, 남은 무를
비건식으로 맛있게 활용할 수 있는 나만의 방법들을 공유하고 싶다.

겨울 무는 그대로 베어 물어도 좋을 만큼 아삭하고 시원한 단맛이 특징이다. 여름 무는 제철이 아니라 겨울에 맛본 무를 생각하며 물었다간 다소 맵고 쓴맛이 올라올 것이다.
바람이 든 무는 잘랐을 때 퍼석하고 건조하다. 따라서 최대한 몸통이 매끈하고 윗부분에 푸른색이 넓게 자리한 무를 고르는 것이 좋다.

무 수프
Radish Soup

Ingredient (2~3인분)

□ 무 400g
□ 양파 150g
□ 마늘 1쪽
□ 페퍼론치노 1개*
□ 들기름 2큰술
□ 포도씨유 2큰술
□ 소금 약간
□ 후추 약간
□ 가니시용 다진 쪽파 1작은술(생략 가능)

* 페퍼론치노가 없다면 베트남 고추로 대체하고, 이때 고추 사이즈가 크기 때문에 1/3개 정도 분량을 사용한다.

무를 잘 익혀 갈면 마치 생크림처럼 크리미해 말을 하지 않으면 무인지 모를 정도입니다. 페퍼론치노는 무를 끓였을 때 나는 특유의 냄새를 중화시키고 뒷맛까지 깔끔하게 하니 꼭 함께 넣어 주세요.

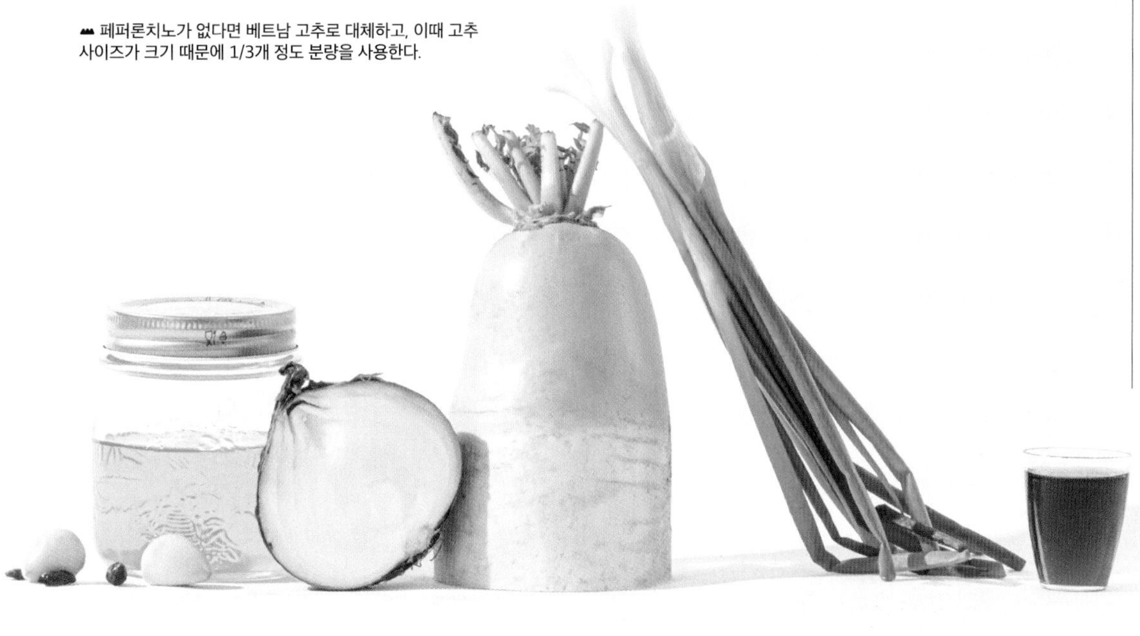

2 3

4 7

To cook

1. 무는 큼직하게 깍둑 썰고 양파는 한입 크기로 자른다.
2. 냄비에 포도씨유와 들기름 1큰술을 두르고 무와 양파, 마늘을 넣어 중간 불에서 잘 섞으며 볶는다.
3. 페퍼론치노를 넣고 소금과 후추로 간한 뒤 뚜껑을 덮고 약 5분간 약한 불로 익혀 수분이 나오게 둔다.
4. 뚜껑을 열고 재료가 절반 이상 잠길 만큼 물을 붓는다.
5. 다시 뚜껑을 덮고 중간 불에서 5분, 약한 불로 줄여 10분간 더 끓인다.
6. 블렌더에 옮겨 담고 곱게 간다.
7. 수프 볼에 담고 다진 쪽파를 올린 뒤 후추와 들기름을 둘러 마무리한다.

콜라비 솜땀
Kohlrabi Somtam

Ingredient (2~3인분)

- □ 콜라비 200g
- □ 참외 100g(생략 가능)
- □ 당근 100g
- □ 오이 ½개
- □ 방울토마토 4~5개
- □ 청양고추 1개
- □ 홍고추 1개
- □ 라임 1개 분량의 즙과 제스트(레몬으로 대체 가능)
- □ 가니시용 고수 또는 쪽파

- □ 소스
  - 다진 마늘 1큰술
  - 연두 3큰술
  - 설탕 2큰술
  - 식초 2큰술

솜땀의 원재료인 그린파파야의 맛과 식감에 가장
근접한 재료로 콜라비가 있습니다.
콜라비가 없다면 같은 양념으로 참외나 당근,
수박의 흰 부분으로 대체하면 됩니다.
부족한 간은 연두로 추가하세요.

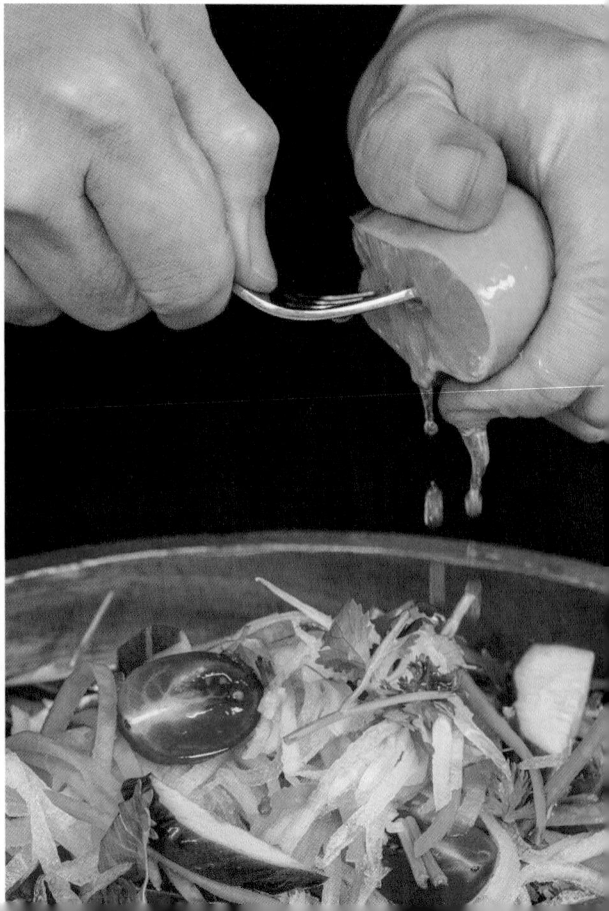

2 3•

5

To cook

1. 볼에 소스 재료를 담고 잘 섞어 미리 소스를 만들어 둔다.
2. 콜라비와 참외, 당근은 껍질을 벗긴 뒤 채칼로 얇게 채 썬다.
3. 오이와 고추는 씨를 제거한 뒤 세로로 어슷 썰고 방울토마토는 반으로 자른다.
4. 큰 볼에 손질한 채소들과 소스를 담고 소스가 고르게 배도록 골고루 잘 섞는다.

   tip. 채소에서 나오는 수분 때문에 먹기 직전에 소스를 섞는 것이 좋다.

5. 라임 1개 분량의 즙을 짜서 넣고 그레이터로 껍질을 갈아 뿌린다.
6. 접시에 옮겨 담고 고수 또는 다진 쪽파를 올린다.

무 감태전
Radish Sea Trumpet Pancake

Ingredient (2인분)

- □ 무 350g
- □ 감태 5~10g(감태파우더로 대체 가능)
- □ 홍고추 1개
- □ 전분가루 2큰술
- □ 부침가루 2큰술
- □ 들기름 40ml
- □ 포도씨유 40ml

- □ 소스
  - 간장 1큰술
  - 매실액 1큰술
  - 식초 1큰술

두껍지 않은 반죽으로 무와 감태 본연의
맛을 살리고, 들기름은 각 재료들을 조화롭게
어우러지게 합니다.
최대한 얇고 바삭하게 굽는 것이 포인트예요.

1·

3· 6·

7

To cook

1. 무는 껍질을 벗긴 뒤 채칼로 얇게 채 썬다. 감태는 손으로 잘게 찢는다.

   tip. 일반 칼로 채 썰면 무가 두꺼워지고, 감태와 익는 속도가 달라서 태울 수 있으니 꼭 채칼을 사용한다.

2. 홍고추는 얇게 어슷 썰고 씨를 제거한다.
3. 볼에 손질한 무와 감태, 전분가루, 부침가루를 넣고 골고루 섞는다.
4. 작은 볼에 소스 재료를 모두 담고 잘 섞어 소스를 만든다.
5. 또 다른 작은 볼에 들기름과 포도씨유를 섞어 부침용 기름을 만든다.
6. 달군 팬에 부침용 기름을 두르고 ③을 얇고 고르게 펼쳐 올린다.

   tip. 작은 원형으로 구우면 뒤집기 편하다.

7. 홍고추 슬라이스 3~4개를 반죽 위에 올리고 중간 불에서 굽는다.
8. 한쪽 면이 익으면 약한 불로 줄여 뒤집고 팬 가장자리에 기름을 고르게 두른다.
9. 양쪽 면이 모두 바삭하게 익으면 접시에 담고 소스를 곁들인다.

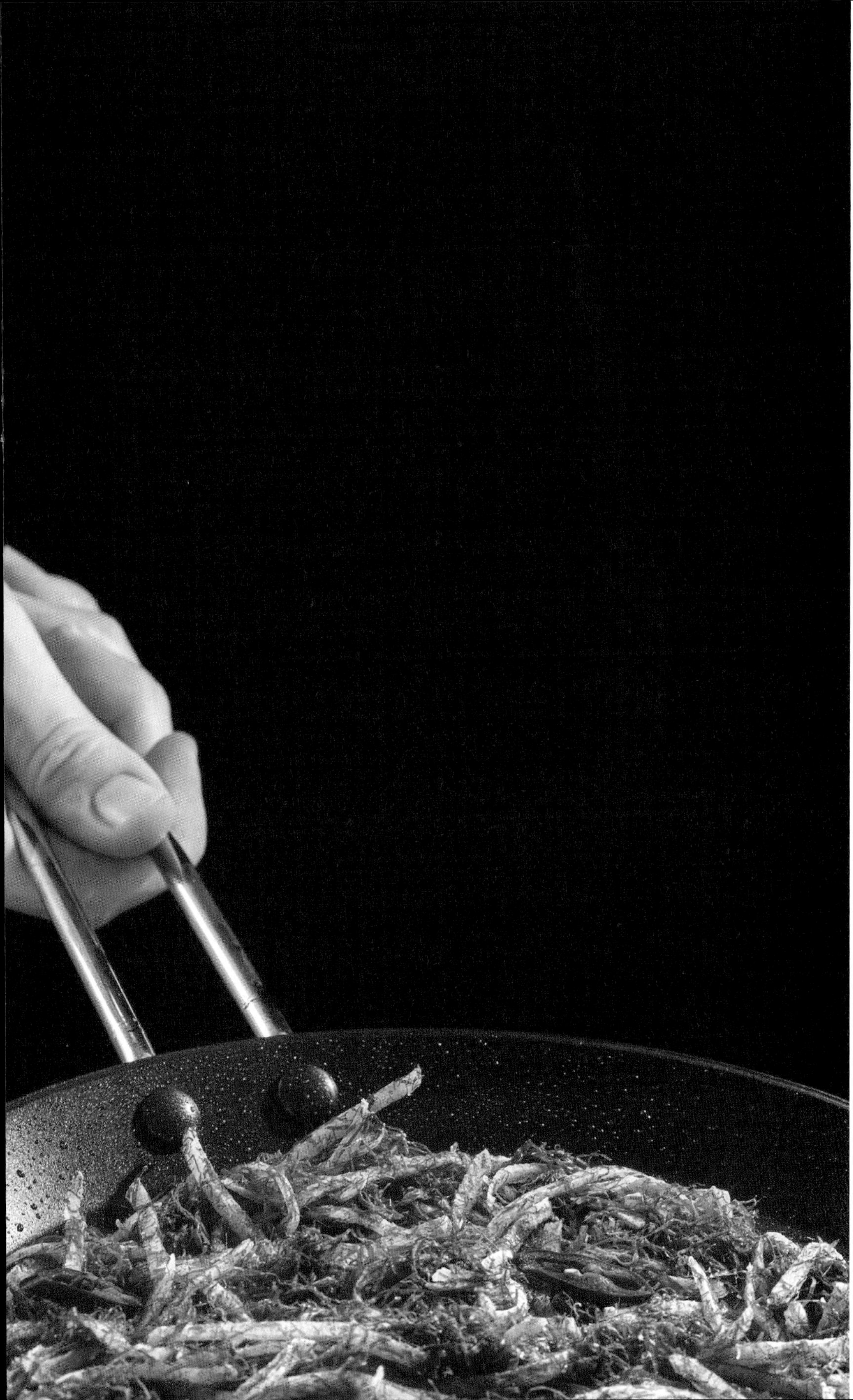

무 솥밥과 부추 들깨 양념장
Hot Pot Radish Rice

Ingredient (2~3인분)

☐ 무 300g
☐ 백미 200g
☐ 부추 100g
☐ 양파 100g
☐ 들기름 2큰술

☐ 양념장
- 들기름 2큰술
- 진간장 2큰술
- 매실액 2큰술
- 식초 2큰술
- 들깻가루 2큰술

향긋하고 아삭한 식감의 부추 들깨 양념장을 무 솥밥에 듬뿍 얹어 한입에 넣고 씹어 보세요. 무의 달콤함과 고소하고 상큼한 양념장이 환상의 궁합을 이룹니다.

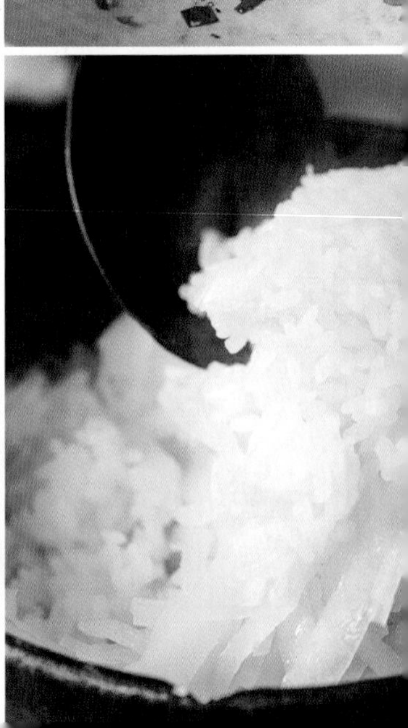

4••

6•

7

To cook

1. 무는 채칼이나 칼로 채 썬다.
2. 볼에 쌀을 담고 물을 잠길 만큼 부은 뒤 30분간 두어 불린다.
3. 솥에 불린 쌀을 담고 밥물을 맞춘다.

   tip. 이때 무에서 나오는 수분을 고려해 평소 양의 70%로 맞춘다.

4. 채 썬 무를 올리고 들기름을 두른 뒤 뚜껑을 덮어 센 불에서 시작해 뚜껑 위로 연기가 피어오르면 약한 불로 바로 줄여 10~12분간 더 끓인다.
5. 부추와 양파는 잘게 다진다.
6. 볼에 양념장 재료를 담고 잘 섞은 뒤 다진 부추와 양파를 넣어 골고루 버무려 부추 들깨 양념장을 만든다.
7. 솥밥이 완성되면 뚜껑을 열고 주걱으로 고르게 섞는다.
8. 넓은 그릇에 밥을 담고 부추 들깨 양념장을 곁들인다.

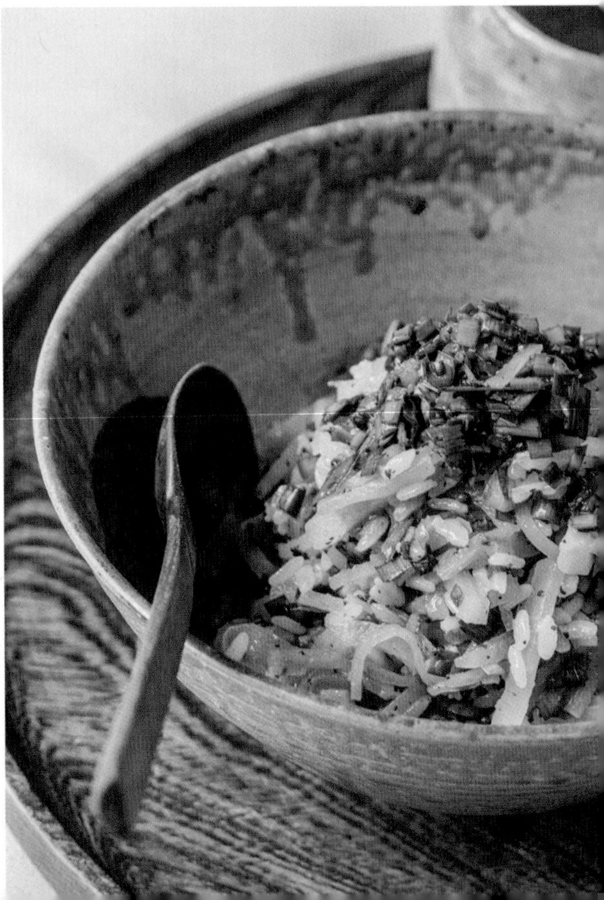

PESTO & SAUCE

SPECIAL

사과 쌈장 페스토
Apple Ssamjang Pesto

칙피 라임 마요네즈
Chickpea Lime Mayonnaise

고수 코코넛 페스토
Coriander Coconut Pesto

파프리카 칠리 로메스코
Paprika Chilli Romesco

사과 쌈장 페스토
Apple Ssamjang Pesto

예전에 외국인들을 대상으로 한 '코리안 비건 쿠킹 클래스'에서
종종 소개했던 비빔밥의 양념장입니다.
달콤하고 아삭한 사과와 쌈장이라는 의외의 조합에
반응이 무척 뜨거웠던 기억이 납니다.
시판되는 쌈장은 그 자체로도 달아서, 사과 본연의 단맛을
살리기 위해 된장과 고추장을 섞는 것이 포인트입니다.

Ingredient 약 400g 분량

- ☐ 사과 1개
- ☐ 팽이버섯 100g
- ☐ 된장 2큰술
- ☐ 고추장 2큰술
- ☐ 다진 마늘 1작은술
- ☐ 참기름 2큰술

To cook

1. 사과와 팽이버섯은 잘게 다진다.
2. 볼에 재료를 모두 담고 골고루 잘 섞는다.
3. 유리 용기에 옮겨 담은 뒤 냉장 보관하고 2일 안에 먹는다.

칙피 라임 마요네즈
Chickpea Lime Mayonnaise

당근, 셀러리, 파프리카, 사과 등의 단단한 채소나
과일 스틱과 함께 곁들여 먹는 소스입니다.
라임이 들어가 사뭇 이국적인 맛을 내니 즐겁게 경험해 보세요.

Ingredient 약 300g 분량

- ☐ 캔 병아리콩* 1큰술
- ☐ 마늘 1쪽
- ☐ 라임 1개 분량의 제스트
- ☐ 디종 머스터드 1작은술
- ☐ 포도씨유 200ml(카놀라유로 대체 가능)
- ☐ 캔 병아리콩물 50ml
- ☐ 라임즙 1큰술
- ☐ 소금 ½작은술

* 건조 병아리콩을 사용할 경우 병아리콩 10g을 물 100ml에 넣어 6시간 동안 불리고 30분간 삶아 콩물까지 분량을 맞춰 사용한다. 병아리콩물은 마요네즈를 만들 때 달걀의 역할을 해 주어 반드시 필요한 재료이니 잊지 않도록 한다.

To cook

1. 긴 용기에 재료를 모두 넣고 핸드블렌더로 여러 번 곱게 간다.
2. 너무 되직할 경우 포도씨유를 더 섞어 농도를 조절한다.
3. 보관 용기에 나눠 담고 냉장 보관해 10일 안에 소진한다.

Cuisinart
Cuisinart
cups
oz
ml
Liter
MAX
1000
750
500
250
4
3
2
1
32
24
16
8
½
¼

고수 코코넛 페스토
Coriander Coconut Pesto

고수 러버들에게 바치는 선물 같은 레시피입니다.
파스타에 듬뿍 넣고 비벼 먹거나, 샐러드나 바삭하게 구운 빵 위에
올려 먹으면 그곳이 바로 휴양지가 됩니다.

Ingredient 약 500g 분량

- □ 삶은 고구마 200g
- □ 고수 50g
- □ 그린커리 페이스트 1큰술
- □ 코코넛 밀크 300ml
- □ 라임 1개 분량의 즙과 제스트

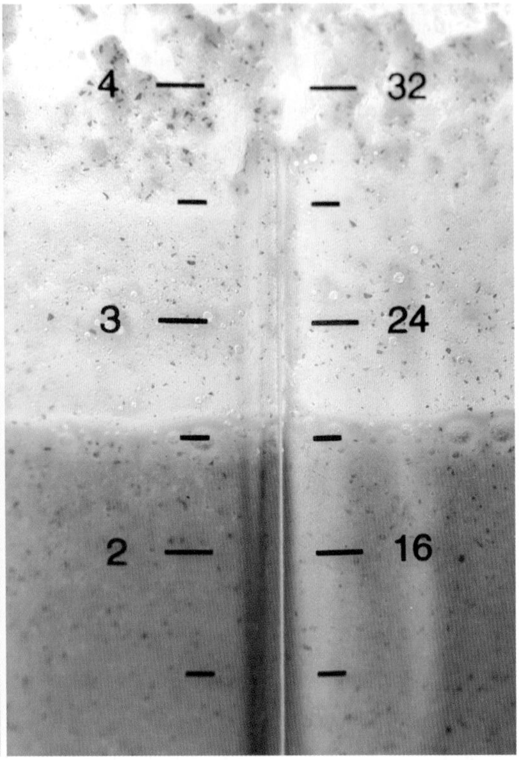

To cook

1. 고수는 잎과 줄기를 분리한 뒤 잎만 사용한다.

   tip. 줄기는 잘 갈리지 않아 따로 냉동 보관했다 육수 낼 때 사용하면 좋다.

2. 고구마는 삶아서 껍질을 벗긴 뒤 깍둑 썬다.

3. 블렌더에 고수 잎과 고구마, 그린커리 페이스트, 코코넛 밀크를 넣는다.
   라임은 즙을 짜서 넣고 껍질을 그레이터로 갈아 넣은 뒤 곱게 간다.

   tip. 맛을 보고 그린커리 페이스트의 매운맛이 너무 강하다면 고구마와 코코넛 밀크를 더한다.

4. 유리 용기에 담아 한여름엔 2~3일, 다른 계절에는 일주일간 냉장 보관이 가능하다.

파프리카 칠리 로메스코
Paprika Chilli Romesco

구운 파프리카의 풍미와 고소한 견과류, 알싸한 칠리
그리고 감칠맛 대장 바질이 만났습니다.
콜드 수프, 파스타 페스토, 토스트에 곁들여
다양하게 활용이 가능합니다.

Ingredient 약 500g 분량

- □ 빨간색 파프리카 3개
- □ 페페론치노 2개
- □ 바질 잎 10g
- □ 견과류(호두나 잣) 80g
- □ 마늘 3쪽
- □ 올리브유 100ml와 여분 약간
- □ 소금 1작은술

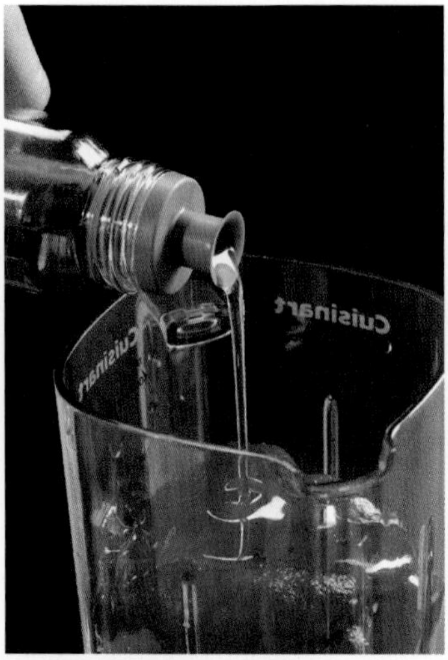
Cuisinart

Cuisinart
Liter
MAX — 1
750
— ¾
500
— ½

3
2
1

To cook

1. 파프리카는 가스불 위에 그대로 올린 뒤 집게로 돌려 가며 겉을 골고루 태운다.

   tip. 에어프라이어를 사용할 경우 180도로 예열한 후 파프리카를 넣어 20분간 앞뒤를 고루 익힌다.

2. 구운 파프리카를 비닐봉지에 담고 끝을 묶은 뒤 약 5분간 그대로 둔다.
3. 파프리카의 향을 보존하기 위해 손이나 키친타월을 이용해 껍질을 벗기고 씨를 제거한다.
4. 마늘은 얇게 슬라이스한다.
5. 달군 팬에 올리브유를 두르고 마늘을 먼저 넣어 볶다가 견과류, 페퍼론치노를 순서대로 시차를 두어 넣고 약한 불에서 잘 섞으며 볶아 준비한다.
6. 블렌더에 파프리카와 마늘, 견과류, 페퍼론치노, 바질 잎, 올리브유 100ml, 소금을 넣은 뒤 곱게 간다.
7. 보관 용기에 넣고 산패 방지를 위해 맨 위를 여분의 올리브유로 채운 뒤 냉장 보관해 두고 7일~10일 안에 소진한다.

   tip. 취향에 따라 선드라이드 토마토를 추가하면 풍미를 더 올릴 수 있다. 이때 소금간은 생략한다.

채소 마스터 클래스

1판 1쇄 펴냄 2022년 2월 15일
1판 9쇄 펴냄 2024년 12월 30일

지은이 백지혜

편집 김지향 길은수 최서영
교정교열 윤혜민
디자인 onmypaper
미술 김낙훈 한나은 김혜수 이미화
마케팅 정대용 허진호 김채훈 홍수현 이지원 이지혜 이호정
홍보 이시윤 윤영우
저작권 남유선 김다정 송지영
제작 임지헌 김한수 임수아 권순택
관리 박경희 김지현

사진 정멜멜
스타일링 정수호
촬영·레시피 도움 조수란
촬영 도움 신해수

펴낸이 박상준
펴낸곳 세미콜론
출판등록 1997. 3. 24. (제16-1444호)
06027 서울특별시 강남구 도산대로1길 62

대표전화 515-2000 팩시밀리 515-2007
편집부 517-4263 팩시밀리 515-2329

ISBN 979-11-92107-49-3 13590

세미콜론은 민음사 출판그룹의
만화·예술·라이프스타일 브랜드입니다.
www.semicolon.co.kr

엑스 semicolon_books
인스타그램 semicolon.books
페이스북 SemicolonBooks